Wissenschaftliche Taschenbücher WTB

Mathematik · Physik

K. Ch. Delokarov

Relativitätstheorie und Materialismus

THEORIA CUM PRAXI

Akademie-Verlag · Berlin

WTB Wissenschaftliche Taschenbücher

Reihe BIOLOGIE

HANS BERGNER
Tierernährung

HELMUT FRIEMEL / JOSEF BROCK
Grundlagen der Immunologie

HELLMUTH GÄBLER
Forstschutz

HEINZ GEILER
Ökologie der Land- und Süßwassertiere

PAUL HOFFMANN
Photosynthese

EBERHARD HOFMANN
Eiweiße und Nucleinsäuren als biologische Makromoleküle
Dynamische Biochemie, Teil I

EBERHARD HOFMANN
Enzyme und energiebereitstellende Reaktionen des Stoffwechsels
Dynamische Biochemie, Teil II

EBERHARD HOFMANN
Der Stoffwechsel lebendiger Systeme und seine Regulation
Dynamische Biochemie, Teil III

EBERHARD HOFMANN
Grundlagen der Molekularbiologie und Regulation des Zellstoffwechsels
Dynamische Biochemie, Teil IV

FRIEDRICH JACOB
Bewegungsphysiologie der Pflanzen

GERHARD LERCH
Pflanzenökologie

JOACHIM NITSCHMANN
Entwicklung bei Mensch und Tier

HANS-WERNER NOLTE
Pflanzenschutz in der Landwirtschaft

KLAUS ODENING
Parasitismus

ALFRED PALISSA
Bodenzoologie in Wissenschaft, Naturhaushalt und Wirtschaft

MARTIN SCHMIDT
Pflanzenschutz im Gartenbau

ULRICH SEDLAG
Biologische Schädlingsbekämpfung

LUDWIG SPANNHOF
Zellen und Gewebe der Tiere

GÜNTER TEMBROCK
Grundlagen des Tierverhaltens

GÜNTER TEMBROCK
Biokommunikation
Informationsübertragung im biologischen Bereich
Teil I und II

EBERHARD TEUSCHER
Pharmakognosie
Teil I und II

GERALD WOLF
Neurobiologie

Reihe CHEMIE

HANS-MARTIN BARCHET
Chemie photographischer Prozesse

ULRICH BEHRENS
MANFRED RINGPFEIL
Mikrobielle Polysaccharide

ROLF BORSDORF
MANFRED SCHOLZ
Spektroskopische Methoden in der organischen Chemie

HANS DAWCZYNSKI
Temperaturbeständige Faserstoffe aus organischen Polymeren

HANS DAWCZYNSKI
Temperaturbeständige Faserstoffe aus anorganischen Polymeren

WERNER DÖPKE
Stereochemie organischer Verbindungen

MARTIN FINKE / WALTER LEIPNITZ
Moderne Methoden der Erdölanalyse

ERICH GUNDERMANN
Chemie und Technologie des Braunkohlenteers

WERNER HABERDITZL
Magnetochemie

SIEGFRIED HAUPTMANN
Über den Ablauf organisch-chemischer Reaktionen

HORST KEHLEN / FRANK KUSCHEL
HORST SACKMANN
Grundlagen der chemischen Kinetik

GERHARD KEMPTER
Struktur und Synthese von Vitaminen

PETER KRUMBIEGEL
Isotopieeffekte

KLAUS KÜHNE
Werkstoff Glas

DIETER MERKEL
Riechstoffe

DIETER ONKEN
Steroide

JOACHIM RIEMER
Quantitative organische Mikroanalyse

ROLF SCHÖLLNER
Die Oxydation organischer Verbindungen mit Sauerstoff

WOLFGANG WAGNER
Chemische Thermodynamik

GÜNTHER WAGNER
HANS KÜHMSTEDT
Pharmazeutische Chemie

Reihe MATHEMATIK / PHYSIK

HANS BANDEMER
ANDREAS BELLMANN
WOLFHART JUNG / KLAUS RICHTER
Optimale Versuchsplanung

DIETRICH BENDER
ERNST-EGON PIPPIG
Einheiten, Maßsysteme, SI

WOLFRAM BRAUER
HANS-WALDEMAR STREITWOLF
Theoretische Grundlagen der Halbleiterphysik

SIEGFRIED BREHMER
Einführung in die Maßtheorie

FERDINAND CAP
Einführung in die Plasmaphysik
I. Theoretische Grundlagen

FERDINAND CAP
Einführung in die Plasmaphysik
II. Wellen und Instabilitäten

FERDINAND CAP
Einführung in die Plasmaphysik
III. Magnetohydrodynamik

JOHN CUNNINGHAM
Vektoren

GEORG DAUTCOURT
Relativistische Astrophysik

ALBERT EINSTEIN
Grundzüge der Relativitätstheorie

ALBERT EINSTEIN
Über die spezielle und die allgemeine Relativitätstheorie

HANNELORE FISCHER
JOACHIM PIEHLER
Modellsysteme der Operationsforschung

ALFRED FRIESER
Mikrowellenmeßtechnik

HERBERT GOERING
Elementare Methoden zur Lösung von Differentialgleichungsproblemen

MICHAEL GÖSSEL
Angewandte Automatentheorie
Band I

MICHAEL GÖSSEL
Angewandte Automatentheorie
Band II

MICHAEL GÖSSEL
Wahrscheinlichkeitsautomaten und Zufallsfolgen

E. G. GOLSTEIN
Konvexe Optimierung

ULRICH KAUSMANN
KLAUS LOMMATZSCH
FRANTIŠEK NOŽIČKA
Lineare parametrische Optimierung

VOLKER KEMPE
Theorie stochastischer Systeme

VOLKER KEMPE
Analyse stochastischer Systeme
Teil I

A. R. KESSEL
Akustische Kernresonanz

HEINRICH KINDLER
Der Regelkreis

DIETER KLAUA
Elementare Axiome der Mengenlehre
Einführung in die
Allgemeine Mengenlehre I

DIETER KLAUA
Grundbegriffe der axiomatischen Mengenlehre
Teil 1 und 2
Einführung in die
Allgemeine Mengenlehre II

DIETER KLAUA
Kardinal- und Ordinalzahlen
Teil 1 und 2
Einführung in die
Allgemeine Mengenlehre III

DIETER KÖNIG / DIETRICH STOYAN
Methoden der Bedienungstheorie

KONRAD KREHER
Festkörperphysik

JEAN KUNTZMANN
Unendliche Reihen

JEAN KUNTZMANN
Systeme von Differentialgleichungen

JEAN KUNTZMANN
Komplexe Veränderliche

WOLFGANG MEILING
Kernphysikalische Elektronik

PETER PAUFLER / DIETER LEUSCHNER
Kristallographische Grundbegriffe der Festkörperphysik

HARRY PAUL
Lasertheorie
Teil und II

HARRY PAUL
Nichtlineare Optik
Teil I und II

WOLFGANG PAULI
Vierpoltheorie und ihre Anwendung auf elektronische Schaltungen

HARRY PFEIFER
Theorie linearer Bauelemente
Elektronik für den Physiker I

HARRY PFEIFER
Die Elektronenröhre
Elektronik für den Physiker II

HARRY PFEIFER
Schaltungen mit Elektronenröhren
Elektronik für den Physiker III

HARRY PFEIFER
Leitungen und Antennen
Elektronik für den Physiker IV

HARRY PFEIFER
Mikrowellenelektronik
Elektronik für den Physiker V

HARRY PFEIFER
Halbleiterelektronik
Elektronik für den Physiker VI

HARRY PFEIFER / W. HEINK
Schaltungen mit Transistoren
Elektronik für den Physiker VII

ULRICH RÖSEBERG
Determinismus und Physik

J. A. ROSANOW
Wahrscheinlichkeitstheorie

WOLFGANG SCHÄFER
Theoretische Grundlagen der Stabilität technischer Systeme

ERNST SCHMUTZER
Symmetrien und Erhaltungssätze der Physik

I. S. SHELUDEW
Elektrische Kristalle

N. D. SHEWANDROW
Die Polarisation des Lichtes

L. A. SKORNJAKOW
Elemente der Verbandstheorie

A. A. SMIRNOW
Metallphysik

A. S. SONIN / N. A. STRUKOW
Einführung in die Ferroelektrizität

HANS-JÜRGEN TREDER
Elementare Kosmologie

J. F. VINSON
Optische Kohärenz in der klassischen Theorie und in der Quantentheorie

TEXTE UND STUDIEN

D. M. BRINK
Kernkräfte

STEPHEN G. BRUSH
Kinetische Theorie
Teil I und II

D. TER HAAR
Quantentheorie

W. R. HINDMARSH
Atomspektren

J. H. SANDERS
Die Lichtgeschwindigkeit

R. A. R. TRICKER
Die Beiträge von Faraday und Maxwell zur Elektrodynamik

R. A. R. TRICKER
Frühe Elektrodynamik

Vorschau auf die nächsten Bände:

FRANK BEICHELT
Prophylaktische Bedienung von Systemen

HELMUT HESS
Der elektrische Durchschlag in Gasen

V. I. KARPMAN
Nichtlineare Wellen

REGINE WITKOWSKI
FALKO H. HERRMANN
Einführung in die klinische Genetik

WILHELM KÄMMERER
Kybernetik — eine Einführung auf naturwissenschaftlicher Grundlage

WTB

BAND 189

K. Ch. Delokarov

Relativitätstheorie und Materialismus

Philosophische Fragen der speziellen Relativitätstheorie in den sowjetischen Diskussionen der 20er und 30er Jahre

Vom Autor überarbeitete deutsche Ausgabe

AKADEMIE-VERLAG · BERLIN

Herausgeber der deutschen Ausgabe:

Dr. Ulrich Röseberg

Zentralinstitut für Philosophie der AdW der DDR

Übersetzung aus dem Russischen:

Nina Hager

Zentralinstitut für Philosophie der AdW der DDR

Titel der Originalausgabe:

К. Х. ДЕЛОКАРОВ

Философские проблемы теории относительности

Verlag Nauka, Moskau 1973

1977

Erschienen im Akademie-Verlag, 108 Berlin, Leipziger Str. 3–4

Gesamtherstellung: VEB Druckhaus „Maxim Gorki“, 74 Altenburg

Lizenznummer: 202 · 100/436/77

Bestellnummer: 7623360 (7189) · LSV 1104

Printed in GDR

DDR 12,50 M

Vorwort des Herausgebers

Im Jahre 1905 wurde die spezielle Relativitätstheorie, 1915 die allgemeine Relativitätstheorie und eine neue Theorie der Gravitation durch ALBERT EINSTEIN geschaffen. Mit den seit der zweiten Hälfte des 19. Jahrhunderts entstandenen Grundlagen der statistischen Physik, der Thermodynamik und der MAXWELLschen Elektrodynamik sowie der im Anschluß an die PLANCKsche Quantenhypothese einsetzenden Entwicklung der Quantentheorie bilden sie das Fundament der modernen theoretischen Physik.

Während die Enge des mechanischen Materialismus philosophisch durch MARX und ENGELS im dialektischen und historischen Materialismus konstruktiv überwunden wurde, konnte man den philosophischen Positionen der meisten Physiker des 19. Jahrhunderts noch entnehmen, daß der Physik ein mechanistisch verstandener Materialismus durchaus genüge. Die Entwicklung der modernen Physik hat aber gezeigt, daß der dialektische Materialismus auch die weltanschauliche, erkenntnistheoretische und methodologische Grundlage dieser Wissenschaft bildet. Diese Feststellung ist das Fazit eines kompliziert verlaufenden Erkenntnisprozesses. Gegenstand *heutiger* Forschungsarbeiten von Physikern, Vertretern anderer Wissenschaften und Philosophen bleibt weiterhin die Frage, in welchem Sinne die marxistisch-leninistische Philosophie weltanschauliche, erkenntnistheoretische und methodologische Grundlage der Wissenschaftsentwicklung ist.

Die überwiegende Mehrzahl der Physiker, die die genannte Entwicklung ihrer Wissenschaft maßgeblich geprägt haben, waren in ihren explizit formulierten philosophischen Auffassungen keineswegs Anhänger des dialektischen und historischen Materialismus. Eine Reihe gesellschaftlicher Faktoren haben viele hervorragende Wissenschaftler von dieser Philosophie ferngehalten, die deshalb auch nicht zur bewußten philosophischen Grundlage ihrer wissenschaftlichen Forschungsarbeiten werden konnte. Auf Umwegen näherten sie sich über ihre naturwissenschaftliche Forschung bereits vorliegenden philosophischen Erkenntnissen und stellten der philosophischen Forschung Fragen, die zur Präzisierung allgemeiner philosophischer Erkenntnisse führen mußten. Lenin schrieb: „Die moderne Physik liegt in Geburtswehen. Sie ist dabei, den dialektischen Materialismus zu gebären."[1])

Vielen Naturwissenschaftlern, insbesondere Physikern, erschien das offenkundige Scheitern des mechanischen Materialismus in der physikalischen Grundlagenforschung der Jahrhundertwende als ein Zusammenbruch des philosophischen Materialismus bzw. der Philosophie überhaupt. Positivistische Versuche des Verzichts auf alle weltanschaulichen Fragestellungen bzw. klar formulierte idealistische Ansätze waren die Folge. In der mit dem Übergang des Kapitalismus in sein imperialistisches Stadium einsetzenden allgemeinen Krise des Kapitalismus entsprachen besonders derartige philosophische Konzeptionnen den Interessen der Monopolbourgeoisie und gewannen deshalb zunehmende Bedeutung. Sie blieben nicht mehr allein auf die Physik oder die Naturwissenschaften beschränkt, sondern wurden insbesondere zu Versuchen der Aushöhlung des gesamten dialektischen und historischen Materialismus benutzt. Diese Zusammenhänge hat W. I. Lenin in „Materialismus und Empiriokritizismus" allseitig analysiert. Gleichzeitig machte er auf die Notwendigkeit aufmerksam, die Lehre von Marx und Engels auch unter Berücksichtigung der Errungenschaften aller Wissenschaften weiterzuentwickeln. Unter den Bedingungen der siegreichen Revolution und des Aufbaus des Sozialismus in der Sowjetunion begründete er später die

Notwendigkeit des Bündnisses marxistischer Philosophen mit den streitbaren Materialisten unter den Naturwissenschaftlern.

Die dem Leser empfohlene Arbeit K. Ch. DELOKAROVS untersucht die ersten sowjetischen Diskussionen von Physikern und Philosophen über die EINSTEINsche Relativitätstheorie. In den 20er und 30er Jahren standen vor allem die Fragen der speziellen Relativitätstheorie im Mittelpunkt des Interesses. Der Autor versucht eine erste marxistisch-leninistische Einschätzung dieser Diskussionen zu erarbeiten. Die grundlegenden Aussagen seiner für die deutsche Ausgabe überarbeiteten Schrift blieben in der Sowjetunion im wesentlichen unwidersprochen.

Sowohl die Konzentration auf den relativ kurzen Zeitabschnitt als auch lediglich auf eine physikalische Theorie bieten eine Reihe nicht zu unterschätzender Vorteile. Dabei muß man sich vergegenwärtigen, daß diese Diskussionen eingebettet waren in den Prozeß der *Aneignung* des dialektischen und des historischen Materialismus durch die Mehrzahl der damals in der Sowjetunion tätigen Wissenschaftler und verbunden waren mit den ersten *Ansätzen* zu einer schöpferischen *Weiterentwicklung* dieser Philosophie.

Die Auseinandersetzung um die EINSTEINsche Relativitätstheorie war gegen Ende der 30er Jahre in der Sowjetunion nicht beendet, sie erreichte aber einen relativen Abschluß mit der allgemeinen Anerkennung der speziellen Relativitätstheorie. Gegen Ende der 40er Jahre kam es zu neuerlichen Diskussionen, die dann auch die allgemeine Relativitätstheorie stärker mit einbezogen haben. Die teilweise ungerechtfertigten Zuspitzungen der ideologischen Auseinandersetzungen in dieser Etappe sind aber nur zu begreifen, wenn man sich des in den 30er Jahren tatsächlich erreichten Erkenntnisstandes versichert.

Für die Erforschung der Geschichte des Verhältnisses von marxistisch-leninistischer Philosophie und Naturwissenschaft in unserer Republik ist die Arbeit von K. Ch. DELOKAROV ein aufschlußreiches Beispiel. Obwohl der

Autor bemüht ist zu beschreiben, wie es wirklich war und uns vor allem wertvolles historisches Material erschließt, stößt er auf Tendenzen, die wesentlich allgemeinerer Natur sind. Explizite Verallgemeinerungen bis hin zur Erkenntnis von Gesetzmäßigkeiten der Entwicklung müssen der weiteren Forschungsarbeit vorbehalten bleiben. In dem bisher relativ vernachlässigten Bereich der Geschichte des Verhältnisses marxistisch-leninistischer Philosophie und Naturwissenschaften geht es jetzt vor allem darum, das reichhaltig vorhandene Material aufzubereiten und der heutigen Forschung zu erschließen. Wenn es gelingt, die tatsächlichen Entwicklungsprobleme korrekt darzustellen, schärfen wir das eigene Geschichtsbewußtsein und dürfen zugleich darauf hoffen, bei Naturwissenschaftlern in den kapitalistischen Ländern Vorbehalte gegenüber dem dialektischen und historischen Materialismus abzubauen. Die Wissenschaftlichkeit unserer Philosophie kommt nicht zuletzt dadurch zustande, daß für sie die heutigen Erkenntnisse Resultat eines langen Erkenntnisprozesses sind, der weder im 19. noch im 20. Jahrhundert seinen Abschluß findet.

Demgegenüber stellen bürgerliche Ideologen die philosophischen Erkenntnisse des Marxismus-Leninismus auf die Stufe religiöser Glaubensbekenntnisse, indem sie die Wissenschaftlichkeit der marxistisch-leninistischen Philosophie leugnen. Vergleicht man aber beispielsweise die Arbeiten von MÜLLER-MARKUS und GRAHAM, wird deutlich, daß die Reaktionen der bürgerlichen Ideologie auf die Entwicklung der Sowjetwissenschaft immer differenzierter werden. Während es für den Neothomisten MÜLLER-MARKUS 1960 „geradezu erschreckend zu beobachten“ war, daß international anerkannte sowjetische Naturwissenschaftler „in Gedankengang und Formulierung dem Einfluß der kommunistischen Ideologie unterliegen“[2]) kam GRAHAM 1974 beim Studium sowjetischer Quellen zu der Einschätzung, „daß der dialektische Materialismus die Arbeit von zahlreichen sowjetischen Wissenschaftlern beeinflußt hat und ihnen in bestimmten Fällen zu Ansichten verholfen hat, die ihnen internationale Anerkennung eingetragen haben".[3])

Geblieben ist die Geringschätzung der Bedeutung der Diskussionen der 20er und 30er Jahre. Ohne diese weltanschaulich, erkenntnistheoretisch und methodologisch außerordentlich komplizierten Auseinandersetzungen zu verstehen, kann man aber kaum zu einem wissenschaftlichen Verständnis der nachfolgenden Entwicklung vordringen. Das gilt insbesondere für die Stellung der sowjetischen Wissenschaftler zur EINSTEINschen Relativitätstheorie. K. Ch. DELOKAROV verweist auf eine Vielzahl von Problemen, die es für eine dialektisch-materialistische Würdigung der EINSTEINschen Leistung zu lösen galt. Die vorliegende Fassung der Arbeit, die der Vorbereitung des 100. Geburtstages von ALBERT EINSTEIN im Jahre 1979 gewidmet ist, zeugt von dem Bemühen sowjetischer Wissenschaftler der 20er und 30er Jahre, dem Schaffen des genialen Physikers gerecht zu werden.[4])

ULRICH RÖSEBERG

Inhaltsverzeichnis

1. Das Bündnis der dialektisch-materialistischen Philosophen mit den Physikern nach der Oktoberrevolution

1.1. *Problemstellung*

Nach dem Sieg der Großen Sozialistischen Oktoberrevolution erlangte die Frage nach dem Verhältnis der Philosophie des dialektischen Materialismus zu den naturwissenschaftlichen Disziplinen in der Sowjetunion eine besondere Aktualität. Es ging um die Klärung der Funktionen der marxistischen Philosophie in einer so bedeutsamen Sphäre der menschlichen Tätigkeit, wie sie die Naturwissenschaften darstellen. Diese Frage wurde vor allem dadurch besonders aktuell, weil in den Naturwissenschaften und insbesondere in der Physik damals revolutionäre Veränderungen vor sich gingen, die eine Krise in den methodologischen Grundlagen dieser Wissenschaften hervorriefen.

Bei der Behandlung von Fragen des Verhältnisses des dialektischen Materialismus und der Naturwissenschaften gingen die marxistischen Philosophen von den allgemeinen methodologischen Prinzipien der marxistisch-leninistischen Philosophie und von dem neuen wechselseitigen Verständnis zwischen Philosophie und Naturwissenschaften aus, das sich aus dem Wesen der revolutionären Umwälzung ergibt, die der Marxismus in der Philosophie darstellt. Dabei berücksichtigten sie die konkrete Anwendung dieser Prinzipien durch F. Engels und W. I. Lenin.

Die heutigen Erfolge der Sowjetwissenschaft wurden durch die Arbeiten der sowjetischen Wissenschaftler in den ersten Jahrzehnten der Sowjetmacht vorbereitet. Der komplizierte und vielschichtige Prozeß der Herausbildung und Entwicklung der Sowjetwissenschaft ist inzwischen zum Forschungsgegenstand von einzelnen Wissenschaftlern und großen Wissenschaftlerkollektiven geworden.

Ein wichtiger Bestandteil der Entwicklung des wissenschaftlichen Denkens in der Sowjetunion ist die Entwicklung der sowjetischen Philosophie. Die Arbeiten sowjetischer marxistischer Philosophen in den 20er- und Anfang der 30er Jahre waren eine solide Basis für die weitere Entwicklung des marxistisch-leninistischen philosophischen Denkens. Das wurden sie, weil erstens die marxistisch-leninistische Philosophie eine Einheit darstellt und, von den Arbeiten der Begründer des Marxismus ausgehend, sich auch auf die Forschungen der Marxisten stützt, die die marxistisch-leninistische Philosophie unter den neuen historischen Bedingungen anwendeten und entwickelten. Zweitens bereitete die philosophische Analyse der Erfolge der Naturwissenschaften, besonders der Physik, die auf der Grundlage der LENINschen Arbeiten z. B. von S. I. VAVILOV, S. JU. SEMKOVSKIJ, V. A. FOK, B. M. GESSEN, S. F. VASILEV durchgeführt wurde, die heutigen Erkenntnisse der marxistisch-leninistischen Philosophie in diesem Bereich vor.

Die marxistischen Philosophen gehen heute bei der kritischen Analyse der modernen bürgerlichen Philosophie auch von den in der hier behandelten Periode erreichten Erkenntnissen aus. Das ist vor allem deshalb wichtig, weil viele gegenwärtige philosophische Richtungen (Neopositivismus, Operationalismus u. a.) sich gerade in den 20er Jahren formiert haben.

Marxistische Wissenschaftler widmeten der Untersuchung der Entwicklungsgesetzmäßigkeiten des marxistisch-leninistischen philosophischen Denkens schon immer große Aufmerksamkeit. Es gibt eine Reihe von Publikationen zur Geschichte der Philosophie. Einzelne Aspekte des Bündnisses von dialektischem Materialismus und Naturwissenschaften nach der Oktoberrevolution werden in philosophischen Arbeiten berührt, die sich mit weltanschaulichen, erkenntnistheoretischen und methodologischen Problemen der Naturwissenschaften[1]) und mit der Physikgeschichte[2]) beschäftigen.

Jedoch ist noch eine größere Forschungsarbeit erforderlich, um die Entwicklung der sowjetischen Philosophie tiefer, vollständiger und konkreter zu verstehen. In diesem Sinne sind die philosophischen Fragen der Naturwissenschaften besonders wenig untersucht. Das erschwert die Kritik an den Verfälschern der Geschichte der marxistisch-leninistischen Philosophie.

Nach wie vor ist die Wechselwirkung, die wechselseitige Verbindung von Philosophie und Naturwissenschaften in der UdSSR in den 20er und 30er Jahren nicht ausreichend analysiert. Es liegen gerade über die Periode, in der die Grundlagen der sowjetischen Philosophie und der Naturwissenschaften geschaffen wurden, zu wenig Arbeiten vor.

Insbesondere sind folgende Fragen ungenügend behandelt:
a) die Beziehungen des dialektischen Materialismus zu den fundamentalen naturwissenschaftlichen Theorien des XX. Jahrhunderts — der Relativitätstheorie und der Quantenmechanik, b) die mit diesen physikalischen Theorien verbundene Entwicklung des dialektischen Materialismus, c) die Rolle der wissenschaftlichen Philosophie im theoretischen Verständnis und der philosophischen Begründung der Relativitätstheorie und der Quantenmechanik in den 20er—30er Jahren. Derartige Fragestellungen und ihre Lösung sind von großem aktuellen Interesse.

Die historisch-philosophische Analyse der Verwirklichung der LENINschen Idee vom Bündnis der Vertreter des dialektischen Materialismus und der Naturwissenschaften ist für eine wissenschaftlich fundierte Einschätzung der philosophischen Ansichten von sowjetischen Gelehrten unerläßlich, die im betrachteten Zeitraum auf diesem Gebiet arbeiteten (S. Ju. SEMKOVSKIJ, B. M. GESSEN, JA. I. FRENKEL, T. N. GORNŠTEJN, Z. A. CEJTLIN, M. P. BRONŠTEJN u. a.).

Eine retrospektive Analyse der Arbeiten, Artikel und Diskussionsmaterialien vom Standpunkt des dialektischen Materialismus ist nicht zuletzt für den Kampf mit der bürgerlichen Ideologie erforderlich. Zahlreiche „Sowjetologen" greifen in ihrem Bestreben, das Wesen des Marxismus-Leninismus zu verfälschen, bestimmte Momente unserer Geschichte heraus, insbesondere auch die Materialien der philosophischen Diskussionen am Ende der 20er — Anfang der 30er Jahre. Die bürgerlichen Historiker, die sich mit der marxistischen Philosophie beschäftigen, versuchen nachzuweisen, daß diese Diskussionen die Unvereinbarkeit der marxistischen Philosophie mit den neuen Erkenntnissen der Physik belegen. Dabei spekulieren sie auf Fehler, die im Prozeß der philosophischen Deutung der Relativitätstheorie und der Quantenmechanik in der UdSSR von einigen sowjetischen Physikern und Philosophen begangen wurden. — In der Tat haben einige sowjetische Physiker und Philosophen, z. B. A. K. TIMIRJAZEV, V. F. MITKEVIČ, N. P. KASTERIN, Z. A. CEJTLIN, A. A. MAKSIMOV, ausgehend von mechanistisch-metaphysischen Vorstellungen über die Welt, sowohl die physikalische als auch die philosophische Bedeutung der Relativitätstheorie und Quantenmechanik unterschätzt bzw. diese Theorien sogar völlig verworfen. Es wurden auch andere Unzulänglichkeiten zugelassen, die im Ganzen jedoch nicht die Entwicklung der sowjetischen Philosophie bestimmten, wie das die bürgerlichen Verfälscher der Geschichte des marxistischen Denkens in der UdSSR darzustellen versuchen. Sie ignorieren vollständig und vorsätzlich die unvermeidlichen Schwierigkeiten sowohl physikalischen als auch philosophischen Charakters, die im Prozeß der Entwicklung der wissenschaftlichen Erkenntnis immer entstehen, die aber in Jahren jäher Umgestaltungen von gefestigten Vorstellungen und den damit verbundenen Veränderungen der wissenschaftlichen Methoden besonders gravierend sind.

Die subjektivistische Analyse des Prozesses der Festigung des dialektischen Materialismus in der sowjetischen Wissenschaft führt einige bürgerliche Philosophen und Physiker zu der Schlußfolgerung, daß der dialektische Materialismus eine veraltete Metaphysik sei, die völlig unvereinbar mit den neuesten physikalischen Theorien ist. Die Eifrigsten unter ihnen behaupten, daß die Relativitätstheorie EINSTEINS in der UdSSR in den 20er Jahren verboten war, da sie angeblich „dem dialektischen Materialismus widersprach“,[3]) und daß die Naturforscher unter Waffengewalt gezwungen wurden, sich den dialektischen Materialismus anzueignen.[4]) Dabei werden die 20er Jahre natürlich nicht zufällig gewählt, denn der Sieg des Materialismus über den Idealismus wird von den Gegnern des dialektischen Materialismus oft als das Ende des philosophischen Denkens überhaupt angesehen.

Die Behauptung, daß die physikalischen Theorien des XX. Jahrhunderts und die dialektisch-materialistische Weltanschauung unvereinbar sind, wird auch noch heute verschiedentlich aufgestellt. So wird in den Arbeiten von W. BÜCHEL, die den Diskussionen zu philosophischen Fragen der modernen Naturwissenschaften in der UdSSR gewidmet sind, insbesondere in einem Artikel in den „Physikalischen Blättern“ (1961/6) behauptet, die Relativitätstheorie sei in der Sowjetunion erst seit dem Jahre 1955 anerkannt. Während er unter diesem Gesichtspunkt die nötigen Fakten zusammenstellt und unangenehme Fakten „vergißt“, behauptet BÜCHEL, daß in einem speziellen redaktionellen Artikel in den „Voprosy filosofii“ (1955/2), der die Bilanz der Diskussion zu philosophischen Fragen der Relativitätstheorie zog, die Einschätzung der Relativitätstheorie EINSTEINS im Vergleich zur früher herrschenden angeblich radikal verändert war und die Relativitätstheorie damit zu einer offiziell anerkannten physikalischen Theorie wurde. Gleichartige Behauptungen stellt auch PH. FRANK auf. Bei sowjetischen Autoren gäbe es eine starke Tendenz, die Relativitätstheorie als dem Materialismus widersprechend anzusehen. Das erfordere natürlich die Verurteilung der Relativitätstheorie als ‚reaktionäre Theorie‘, die zu einem unerwünschten politischen Verhalten führe.[5]) Zum Nachweis derartiger Behauptungen gibt PH. FRANK einen Artikel A. K. TIMIRJAZEVS an. Wie auch viele andere bürgerliche Philosophen, die versuchen, die sich entwickelnden wissenschaftlichen Erkenntnisse und die philosophischen Ausgangsprinzipien des dialektischen Materialismus einander entgegenzusetzen, berücksichtigt PH. FRANK nicht, daß die philosophische Position A. K. TIMIRJAZEVS keine dialektisch-materialistische ist, sondern eine mechanistisch-metaphysische. Das Mechanistische in seinen Anschauungen wurde schon in den 20er Jahren nachgewiesen.[6])

Auseinandersetzungen und Diskussionen über die physikalische und philosophische Bedeutung der Relativitätstheorie hat es nicht nur in der Sowjetunion gegeben, wie es manche bürgerliche Kritiker darzustellen versuchen, sondern in vielen Ländern der Welt.

Der grundlegende Mangel der Kritiker der marxistisch-leninistischen Philosophie besteht in ihrer hoffnungslosen bürgerlichen Subjektivität, ihrem ahistorischen Herangehen an die Geschichte der Entwicklung von Physik und Philosophie in der UdSSR. Um die Ursachen einzelner Fehler in den philosophischen Diskussionen der 20er – Anfang der 30er Jahre zu verstehen, ist es notwendig, die objektiven Schwierigkeiten zu berücksichtigen, die Gesamtheit von Faktoren zu untersuchen, die auf den Prozeß der Herausbildung der Philosophie und der anderen Wissenschaften in der Sowjetunion Einfluß nahmen.

Für eine dialektisch-materialistische Erklärung der Erfolge der Physik und der Schaffung des Bündnisses von Vertretern der materialistischen Philosophie und der Naturwissenschaften hat bekanntlich die Arbeit W. I. LENINS „Über die Bedeutung des streitbaren Materialismus" eine grundlegende Bedeutung erlangt. Sie war ein Programm zur Entwicklung des gesamten marxistischen philosophischen Denkens in der Sowjetunion und im Ausland. Das Verhältnis zu den LENINschen Arbeiten, zu diesem LENINschen philosophischen Programm macht das Verhältnis der verschiedenen Philosophen, Physiker, philosophischen Schulen und Richtungen zur dialektisch-materialistischen Philosophie insgesamt und insbesondere zur LENINschen Etappe ihrer Entwicklung deutlich. Deshalb auch wurde die Anerkennung der LENINschen Etappe in der Entwicklung des philosophischen Denkens bei der Bewertung der unterschiedlichen philosophischen Richtungen entscheidend. Die Geschichte der Entwicklung der marxistisch-leninistischen Lehre zeigte mit aller Eindringlichkeit, daß es keine wirkliche marxistische wissenschaftliche Philosophie ohne klares Verständnis des Neuen geben kann, das LENIN in das allgemeine Ideengut des Marxismus insgesamt und in die Theorie der materialistischen Dialektik im Besonderen eingebracht hat.

Die Auswahl der Relativitätstheorie für eine Analyse der Philosophie und Physik in den 20er — Anfang der 30er Jahre ist natürlich nicht zufällig. Diese Theorie berührt die Frage nach dem Wesen und dem Wechselverhältnis solcher Kategorien wie Bewegung, Raum, Zeit, Kausalität u. a., die sowohl eine prinzipielle Bedeutung für die Physik als auch für jedes philosophische System haben. Die gnoseologischen Fragen dieser Theorie traten als Gegenstand des Kampfes zwischen Materialismus und Idealismus, Wissenschaft und Religion auf; eines Kampfes, der bis zum heutigen Tag nicht beendet ist. Im Verlaufe dieser Auseinandersetzung wurde von den sowjetischen Philosophen viel für die Aufdeckung des philosophischen Inhalts der Begriffe Raum, Zeit, Kausalität, Bewegung und anderer damit verbundener philosophischer Kategorien geleistet.

1.2. *Die Besonderheiten der philosophischen Analyse der Physik nach der Oktoberrevolution*

Nach der Großen Sozialistischen Oktoberrevolution begann ein komplizierter Prozeß des Übergangs vieler ehemals bürgerlicher Wissenschaftler auf die Positionen des dialektischen Materialismus.[7]) Dieser Übergang vollzog sich unter dem Einfluß der marxistischen Philosophen und einzelner wissenschaftlicher Spezialisten, die bewußt Positionen der marxistischen Philosophie vertraten und überzeugend nachwiesen, daß für die Untersuchung der Natur und der Gesellschaft ein dialektisch-materialistisches Herangehen notwendig ist. „In den 20er — Anfang der 30er Jahre standen die sowjetischen Marxisten vor der Aufgabe, den Vorzug des dialektischen Materialismus gegenüber jeder anderen Weltanschauung aufzudecken. Zuweilen aber mußten sie noch das Recht der Philosophie auf eigenständige Existenz neben den anderen Wissenschaften nachweisen."[8])

Vor der Partei und vor den sowjetischen Philosophen standen deshalb bedeutsame Aufgaben: Verteidigung der marxistisch-leninistischen Philosophie gegen zahlreiche bürgerliche Entstellungen; ihre Verbreitung unter den Wissenschaftlern, unter dem ganzen Volk und ihre Weiterentwicklung unter den neuen Bedingungen. A. K. Stoljarov bemerkte richtig: „Auf unserer Partei liegt eine große Verantwortung, da sie nicht nur der wahre Hüter des marxistisch-leninistischen Gedankengutes zu sein hat, sondern auch die Philosophie des Marxismus weiterentwickeln, sie verbreiten und dem bürgerlichen ideologischen Einfluß entgegenstellen muß."[9]) Die Lösung dieser Aufgabe wurde durch die komplizierte Situation erschwert, die nach der Revolution und dem Bürgerkrieg herrschte. Die außerordentlich schweren Bedingungen, mit denen die junge Sowjetmacht fertigwerden mußte, konnten nicht ohne Einfluß auf die Stellung und Lösung theoretischer, philosophischer und einzelwissenschaftlicher Probleme bleiben.[10])

Die Gegner der neuen sozialistischen Verhältnisse nutzten die ökonomischen, politischen und ideologischen Schwierigkeiten aus. Sie unterstützten alle Protestbewegungen gegen die junge Sowjetrepublik, auch im Bereich der Theorie, insbesondere in der Philosophie. Die Idealisten, besonders die Machisten im In- und Ausland, versuchten, die Unvereinbarkeit von Materialismus und

Wissenschaft nachzuweisen; sie bemühten sich, den Übergang der Naturwissenschaftler auf die Positionen der materialistischen Philosophie zu verhindern. Am Anfang der 20er Jahre existierten im Lande eine Vielzahl verschiedenster philosophischer Gesellschaften, die offen Idealismus, Mystik und Religion propagierten. Einige von ihnen gingen von erfolglosen Versuchen der theoretischen Widerlegung des Marxismus und seiner Philosophie zu feindlichen Handlungen gegen die junge Sowjetrepublik über.

Die Begründer des Marxismus-Leninismus sahen voraus, daß der Klassenkampf notwendig auch die Philosophie, die Ideologie betreffen wird. W. I. Lenin wies schon nach dem Sieg der Oktoberrevolution darauf hin, daß die Aufgabe des siegreichen Proletariats darin besteht, „jeden Widerstand der Kapitalisten zu brechen, nicht nur den militärischen und politischen, sondern auch den ideologischen, der am tiefsten und mächtigsten ist.“[11])

Im Bereich der Ideologie verwirklichte sich der Widerstand nicht in offener Form und hatte eine Reihe von Besonderheiten. Erstens ist diese Front des Kampfes überaus breit. Der Kampf wird in der Philosophie, auf dem Gebiet der philosophischen Probleme der Wissenschaften, der politischen Ökonomie, der Kunst, der Literatur, der Moral u. a. ausgetragen. Zweitens ist es notwendig, die objektiven Ursachen für diesen Widerstand zu beseitigen. Für die Beseitigung derartiger materieller, ökonomischer Voraussetzungen aber benötigt man viel Zeit.

Das Land durchlebte eine der schwierigsten Etappen seiner Entwicklung. Der Sieg der Oktoberrevolution gestattete es, die revolutionären Umgestaltungen in allen Sphären menschlicher Tätigkeit auf die Tagesordnung zu stellen. Dabei schuf dieser Sieg auch die notwendigen ökonomischen und politischen Voraussetzungen für eine Revolution im Bereich des Wechselverhältnisses von Philosophie und Naturwissenschaften. Deshalb war mit dem Sieg der sozialistischen Revolution die philosophische Analyse der Struktur wissenschaftlicher Erkenntnisse auf der Basis des philosophischen Materialismus nicht abgeschlossen, sondern begann erst. Der erste Fünfjahrplan, der ein grandioses Programm des Aufbaus der Grundlagen der sozialistischen Gesellschaft skizzierte, stellte der philosophischen Front komplizierte und wichtige Aufgaben.

Drittens lagen auf Seiten des Gegners und seiner Ideologen jahrhundertelange Erfahrungen vor. Er verfügte über materielle und ideelle Unterstützung durch zahlreiche kapitalistische Länder.

Viertens traten Schwierigkeiten bei der Unterscheidung von erkenntnistheoretischen und Klassenwurzeln philosophischer Fehleinschätzungen in der Periode revolutionärer Umgestaltungen der Gesellschaft auf.

Das unterschiedliche Verständnis der Aufgaben der Philosophie, ihres Platzes beim Aufbau des Sozialismus und ihrer Verbindung mit den Naturwissenschaften hatte keinen geringen Einfluß auf die Entwicklung der sowjetischen Philosophie. Der Begriff „Bündnis von Philosophie und Naturwissenschaften“ hatte für einige wissenschaftliche Spezialisten und Philosophen keinen genau bestimmten Sinn. O. Ju. Šmidt stellte dazu während einer Sitzung des Präsidiums der Kommunistischen Akademie, die vom 23. Dezember 1930 bis 6. Januar 1931 stattfand, fest, daß die Naturwissenschaftler nach ihrer Einstellung zur Philosophie in drei Gruppen zerfielen: „Eine Gruppe von Naturwissenschaftlern, die von jener konkreten marxistischen Philosophie, wie sie gegenwärtig existiert und sich unter der jetzigen Leitung entwickelt, keine reale Hilfe erwartete, sah die Lösung philosophischer Fragen als nicht unbedingt erforderlich an; obgleich sie theoretisch das Primat der Philosophie für eine beliebige theoretische Arbeit in den einzelnen Bereichen anerkannte. Der Fehler dieser Genossen führte in der Praxis ... zur Unterschätzung der Rolle der Philosophie ... Die zweite Gruppe von Naturwissenschaftlern waren die Mechanisten, deren Fehler hinreichend enthüllt wurden. Das sind die Genossen Timirjazev, Varjaš, Perov u. a. Die dritte Gruppe von Genossen, die die philosophischen Fragen am zugespitztesten stellt, fällt unter jene Kritik philosophischer Tätigkeit, die bereits gegeben ist ... Unter den einflußreichen Naturwissenschaftlern sind das die Genossen Levin, Levit, Gessen und Agol."[12])

Einige Philosophen stellten die Ausgangsprinzipien der materialistischen Dialektik in Frage. Einzelne Vertreter der mechanistischen Richtung gingen den Weg der Revision der Grundfrage der Philosophie. So behauptete A. I. Varjaš, daß die Grundfrage der Philosophie nicht die Frage nach dem Verhältnis des Denkens zum Sein ist, sondern die Frage nach der Kausalität, und daß „der Unterschied zwischen Materialismus und Idealismus im Verständnis der Kausalität am radikalsten wird."[13])

Die Kompliziertheit und die Widersprüche dieser Zeit brachten auch eine Vielzahl unterschiedlicher philosophischer Strömungen hervor.

Unter den Bedingungen des zugespitzten ideologischen Kampfes wurde die unzureichende Prinzipienfestigkeit eines Teils der theoretischen Kader offensichtlich. Sie vermochten Modeströmungen des philosophischen und religiösen Denkens, wie dem Freudismus, Positivismus, Spiritualismus nicht standzuhalten. Es gab zu wenig marxistische Philosophen und Naturwissenschaftler, die bewußt dialektisch-materialistische Positionen vertraten. Diejenigen, die auf solchen Positionen standen, waren meist mit der praktisch notwendigen Verteidigung der Errungenschaften des Oktobers beschäftigt und konnten sich kaum mit theoretisch-philosophischer Arbeit befassen. Das zeigte sich nicht nur zu Beginn sondern auch noch gegen Ende der 20er Jahre. Auf der II. Allunionskonferenz der marxistisch-leninistischen Einrichtungen sagte B. M. Gessen: „Ich möchte ... die Aufmerksamkeit darauf lenken, daß im Bereich der theoretischen Naturwissenschaft bei uns die Situation der marxistischen Kader katastrophal ist."[14])

Die Kommunistische Partei und W. I. Lenin verfolgten aufmerksam die Entwicklung der Philosophie. Der akute Kadermangel besagt nicht, daß in den Jahren des Bürgerkrieges und in der Periode der Wiederherstellung der Volkswirtschaft des Landes der Ideologie und der Philosophie keine Aufmerksamkeit geschenkt wurde. Im Gegenteil, sowohl die Innen- als auch die Außenpolitik der Kommunistischen Partei und des Sowjetstaates waren auf den aktiven Kampf gegen die Feinde des Sozialismus gerichtet, gegen die verschiedenen theoretischen, ideologischen und philosophischen Lehren, die sie unterstützten. Das schuf günstige Bedingungen für die Verbreitung und Entwicklung des Marxismus. Die weitere Entwicklung der marxistischen Theorie in der Periode nach dem Oktober fand ihre Verkörperung in den Arbeiten W. I. LENINS, der den Marxismus unter den neuen historischen Bedingungen schöpferisch weiterentwickelte. Die neuen sozialen Bedingungen begünstigten die erfolgreiche Festigung der Positionen des dialektischen Materialismus. Trotzdem stieß man auf dem Weg der Verbreitung der Lehre von Marx, ENGELS und LENIN auf zahlreiche Schwierigkeiten.

Der komplizierte Prozeß der bewußten Aneignung der dialektischen Denkmethode durch die Wissenschaftler und ihr Übergang zu den Positionen des dialektischen Materialismus wurde noch dadurch erschwert, daß viele Naturwissenschaftler Mißtrauen gegenüber jeglicher Philosophie empfanden. Die entstandene Hilflosigkeit und Unwissenschaftlichkeit der verschiedenen Formen der idealistischen Philosophie führten dazu, daß dieses Mißtrauen auch auf die Philosophie des dialektischen Materialismus ausgedehnt wurde.

Für die Atmosphäre der ersten Hälfte der 20er Jahre war der Kampf der verschiedenen philosophischen Richtungen charakteristisch, die sowohl vor als auch nach der Oktoberrevolution entstanden waren.

Die Weltanschauung zahlreicher Naturforscher dieser Zeit hatte sich bis zum Jahre 1917 herausgebildet. Dabei wirkte der Einfluß verschiedener idealistischer philosophischer Schulen. Das war für die weltanschaulichen

Positionen solcher bedeutender Naturwissenschaftler wie V. I. Vernadskij, O. D. Chvolson, L. S. Berg und anderer charakteristisch. Auf die Formierung der philosophischen Ansichten, der weltanschaulichen Positionen einer Reihe von Wissenschaftlern hatte auch ihre Ausbildung im Westen einen großen Einfluß. Die Mehrzahl der Wissenschaftler war lediglich mit verschiedenen idealistischen Systemen bekannt, die sie berechtigterweise ablehnten. Viele Naturforscher identifizierten aber fälschlicherweise den dialektischen Materialismus mit dem mechanistischen Materialismus. In der Tat zeigten jedoch die Erfolge der Physik, Biologie und anderer Naturwissenschaften überzeugend die metaphysische Begrenztheit und Fehlerhaftigkeit der Ausgangsthesen des mechanistischen Materialismus — die Vorstellungen von der Existenz einer absoluten, unveränderlichen materiellen Substanz und die Möglichkeit, die qualitative Vielfalt der Erscheinungen auf die mechanische Bewegungsform der Materie zu reduzieren.

Während viele Naturwissenschaftler völlig richtig die verschiedenen idealistischen philosophischen Systeme und den metaphysischen Materialismus kritisierten, stellten sie ihnen jedoch nicht den dialektischen Materialismus entgegen, dessen grundlegende Thesen die Möglichkeit gaben, aus der methodologischen und gnoseologischen Krise, die die Naturwissenschaft durchlebte, herauszukommen. Später kamen viele Naturwissenschaftler zur Anerkennung der Philosophie des dialektischen Materialismus. Aber dieser Prozeß der Überwindung von verschiedenen unwissenschaftlichen idealistischen, philosophischen a priori Theorien, die sich in den Augen der Naturforscher diskreditiert hatten, und der Prozeß der Heranführung an die dialektisch-materialistische Wissenschaft waren außerordentlich komplizierte und langwierige Prozesse. Negativ machte sich das Unverständnis des Wesens des dialektischen philosophischen Denkens und seiner Rolle im Erkenntnisprozeß bemerkbar. Daraus entstanden unbegründete Forderungen von Seiten einiger

Naturwissenschaftler an die marxistische Philosophie. So wollten einige Wissenschaftler die materialistische Dialektik als System von Regeln, Annahmen, Prinzipien dargestellt wissen, deren Anwendung sie beispielsweise zu konkreten Resultaten in diesem oder jenem Bereich der Physik führen sollte. Mit anderen Worten sollte der dialektische Materialismus dann die Probleme des Äthers oder der Elementarität dieses oder jenes Teilchens lösen.

Die Diskussionen über die philosophischen Probleme der Naturwissenschaftler dieser Zeit spielten eine positive Rolle bei der Entwicklung der modernen wissenschaftlichen Philosophie. Sie begünstigten eine tiefere Erforschung der Arbeiten von Marx. Engels, Lenin, ein besseres Verständnis des Gegenstandes ihrer Philosophie, ihrer Rolle und Funktion in der Gesellschaft, bei der Erkenntnis und der Lösung von Problemen zwischen Philosophie und Naturwissenschaften. Der Streit zwischen den Mechanisten und der Gruppe Deborins zeigte den Naturwissenschaftlern, daß für die Lösung weltanschaulicher erkenntnistheoretischer und methodologischer Fragen solide philosophiehistorische Studien, die Kenntnis der neuesten Errungenschaften der Wissenschaft und ihrer Geschichte sowie die Beherrschung des dialektischen Materialismus erforderlich sind.

In den 20er Jahren mußten mit der Verbreitung der marxistischen Theorie folgende drei miteinander zusammenhängende Aufgaben verwirklicht werden: die Aneignung der Grundprinzipien der dialektisch-materialistischen Philosophie; die Bereicherung des Inhalts vieler Kategorien der materialistischen Dialektik (Raum, Zeit, Kausalität); die erstmalige Anwendung dieser Prinzipien und Kategorien auf die sich entwickelnde Physik in der Periode ihrer grundlegenden Umgestaltung.

Die Hauptschwierigkeit bestand darin, daß die Mehrzahl der Spezialisten nicht oder nur ungenügend mit der marxistischen Philosophie, mit den Arbeiten von Marx, Engels und Lenin zu philosophischen Fragen der Naturwissenschaften bekannt waren. S. I. Vavilov bemerkte:

„Die modernen Physiker haben LENIN nicht gelesen, aber wenn sie ihn gelesen haben, dann haben sie sein Buch nicht verstanden („Materialismus und Empiriokritizismus“ — K.D.), denn ganz gewiß hätte es viele der nachfolgenden scheinbaren Krisen verhindern können. Der Gedanke an die Möglichkeit eines vom mechanistischen Materialismus verschiedenen Materialismus tauchte wahrscheinlich bei keinem der Physiker auf“[15])

Im Zusammenhang damit standen die marxistischen Philosophen vor gewaltigen Aufgaben. Sie mußten den Naturwissenschaftlern das Wesen der philosophischen Lehre von MARX, ENGELS und LENIN und deren Unterschied zu allen idealistischen, metaphysischen, nicht selten irrationalistischen philosophischen Systemen der Vergangenheit und Gegenwart verdeutlichen. Es ging darum, die methodologischen Vorzüge der dialektisch-materialistischen Lehre gegenüber anderen philosophischen Richtungen aufzuzeigen und die Bedeutung der neuen Etappe des philosophischen Materialismus für die Erkenntnis der Gesetzmäßigkeiten der Natur zu demonstrieren. Eine außergewöhnliche Rolle spielte bei der Lösung aller dieser Probleme die programmatische Arbeit W. I. LENINS „Über die Bedeutung des streitbaren Materialismus“.

1.3. *Die Arbeit W. I. Lenins „Über die Bedeutung des streitbaren Materialismus“ und die philosophischen Probleme der Physik*

Die 1922 gegründete philosophische und gesellschaftspolitische Zeitschrift „Unter dem Banner des Marxismus“ spielte eine große Rolle bei der Propagierung grundlegender marxistischer Thesen unter den Wissenschaftlern. Die Bestimmung der Aufgaben dieser ersten Philosophiezeitschrift wurde durch die Redaktion zunächst abstrakt gegeben, ohne die Besonderheiten des ideologischen, philosophischen Kampfes zu berücksichtigen. Von der

Redaktion waren die philosophischen Probleme nicht deutlich genug formuliert, die in dieser Zeit die Aufmerksamkeit der wissenschaftlichen Öffentlichkeit erregten. Solche Probleme waren: der ideologisch-philosophische Kampf im Prozeß des sozialistischen Aufbaus; die philosophischen Diskussionen der Relativitätstheorie und der entstehenden Quantenmechanik; der Kampf mit idealistischen und religiösen Tendenzen, die die Schwierigkeiten im Prozeß der Wissenschaftsentwicklung und die Kompliziertheit der Situation im Lande ausnutzten.

Ein klares Programm für die Zeitschrift entwarf kein anderer als W. I. Lenin in einem Artikel, der in der dritten Nummer (die erste war eine Doppelnummer: Nr. 1—2) im März des Jahres 1922 publiziert wurde, ein Artikel, der heute jedem Philosophen und Naturforscher bekannt ist: „Über die Bedeutung des streitbaren Materialismus".

Die Klassiker des Marxismus haben in verschiedenen Perioden ihres schöpferischen Lebens unterschiedliche Seiten der materialistischen Dialektik ausgearbeitet. Das hing von den Umständen und den Aufgaben ab, die durch die Entwicklung der Gesellschaft und der Wissenschaft aufgeworfen wurden. So lenkte Lenin in „Materialismus und Empiriokritizismus" die besondere Aufmerksamkeit auf die Ausarbeitung der Probleme des Materialismus; verteidigte die Philosophie des dialektischen Materialismus gegen den Idealismus, der in Form des Machismus auftrat. Im Zusammenhang damit zeigte er die Begrenztheit des mechanistischen, metaphysischen Materialismus und verurteilte entschieden die Identifizierung des Marxschen Materialismus mit dem metaphysischen Materialismus. Die Arbeit „Über die Bedeutung des streitbaren Materialismus" kennzeichnet jene Periode des Kampfes um die Durchsetzung des dialektischen Materialismus unter den Naturwissenschaftlern, als erstmalig die sozialen und politischen Bedingungen für seinen Sieg geschaffen waren. Es ist keinesfalls verwunderlich, daß die grundlegenden Ideen des philosophischen Materialismus von zahlreichen

Gegnern, die auch Gegner der neuen sozialen Verhältnisse waren, attackiert wurden. Deshalb kam der Forderung W. I. LENINS nach einem Bündnis von Vertretern der dialektisch-materialistischen Philosophie und der Naturwissenschaften in den 20er Jahren vor allem politische Bedeutung zu. Darauf verweist P. V. ALEKSEEV: „Das Bündnis der Philosophie des Marxismus mit den Naturwissenschaften hatte, so wie es W. I. LENIN auffaßte, vor allem einen politischen Inhalt. Erstens ergibt sich seine Notwendigkeit als logische Schlußfolgerung aus der Untersuchung der sozialen und Klassenwurzeln der Krise in den Naturwissenschaften; zweitens folgt es aus den Untersuchungen W. I. LENINS über die Rolle der Wissenschaft und der Spezialisten beim Aufbau des Kommunismus und den von ihm begründeten Prinzipien der Parteipolitik gegenüber Naturwissenschaftlern, die nicht Mitglieder der Kommunistischen Partei waren.“[16])

Die grundlegenden programmatischen Thesen, die im Artikel „Über die Bedeutung des streitbaren Materialismus“ aufgestellt wurden, sind die konsequente Fortsetzung und Entwicklung der Ideen, zu denen W. I. LENIN in seiner genialen Arbeit „Materialismus und Empiriokritizismus“ kam. Diese Thesen sind notwendige Folgerungen aus dem neuen Wechselverhältnis von Philosophie und Naturwissenschaften, das sich aus dem Wesen der revolutionären Umwälzung ergab, die durch den Marxismus im philosophischen Denken entstand. Die Philosophie wurde erstmalig zur Wissenschaft.

W. I. LENIN formulierte jene programmatischen Thesen für die erste marxistische philosophische Zeitschrift gerade in der Periode, in der die Notwendigkeit einer allseitigen, wissenschaftlichen, also einer dialektisch-materialistischen Analyse der Prinzipien, Gesetze, Theorien und Hypothesen der sich entwickelnden Wissenschaft, insbesondere der Physik, am deutlichsten sichtbar wurde. Dafür war es nötig, „Die Fragen, welche die jüngste Revolution auf dem Gebiet der Naturwissenschaft aufwirft, aufmerksam zu verfolgen“[17]), dafür zu sorgen, daß der dialektische

Materialismus seine weltanschauliche und methodologische Funktion in der Wissenschaftsentwicklung erfüllen kann. Diese Aufgabe konnte nur gelöst werden, wenn es gelang, die Dialektik HEGELS auf der Grundlage der Erfolge in den Natur- und Gesellschaftswissenschaften durch die Entwicklung der Theorie der materialistischen Dialektik materialistisch umzustülpen.[18]) Deshalb sind die von W. I. LENIN formulierten Aufgaben der ersten marxistischen philosophischen Zeitschrift eng miteinander verbunden und man kann sie nur verstehen, wenn man von den konkreten Besonderheiten der Entwicklung der Naturwissenschaften und der materialistischen Philosophie in der betrachteten Periode und den Besonderheiten der gesamten Entwicklung des Landes ausgeht.

Bereits in „Materialismus und Empiriokritizismus" schrieb W. I. LENIN, daß die Versuche einiger Naturforscher (z. B. O. D. CHVOLSONS in der Arbeit „Hegel Haeckel, Kossuth und das zwölfte Gebot"), die Gedanken der materialistischen Philosophie und der Naturwissenschaften entgegenzustellen, zum Entstehen unterschiedlicher idealistischer philosophischer Richtungen führen, die die Entwicklung der Physik und der Philosophie behindern.[19])

Aus der LENINschen Analyse der Krise der methodologischen Grundlagen der Naturwissenschaften ergibt sich die Schlußfolgerung, daß die Verteidigung der Interessen der Naturwissenschaften nur auf den Positionen der materialistischen Philosophie möglich ist. In „Materialismus und Empiriokritizismus" zeigte W. I. LENIN mit aller Deutlichkeit den parteilichen Charakter der Fragestellung philosophischer Probleme der Naturwissenschaften. In der Arbeit „Über die Bedeutung des streitbaren Materialismus" betonte er nochmals, daß für die Verteidigung der Interessen des Proletariats und der Wissenschaft eine marxistische philosophische Zeitschrift unbeirrt den Idealismus entlarven sowie seine Klassen- und erkenntnistheoretischen Wurzeln aufdecken muß. In der betrachteten Periode trat die Parteilichkeit, der Klassencharakter der Philosophie sehr klar zutage als die Führer solcher idealistischer philosophischer Organisationen wie der „Petersburger philosophischen Gesellschaft“, der „Moskauer unabhängigen philosophischen Akademie“ u. a. begannen, den antisowjetischen Kampf nicht nur in theoretischen Arbeiten, sondern auch in der Praxis zu führen.

Die LENINsche Arbeit machte zugleich deutlich, daß man die idealistischen Philosophen (N. O. LOSSKIJ, N. A. BERDJAEV, S. A. FRANK, V. V. ZENKOVSKIJ, L. P. KARSAVIN u. a.), die bewußt gegen den Materialismus und den Marxismus auftraten, nicht in eine Reihe mit jenen Naturwissenschaftlern stellen kann, die es noch nicht verstanden, den dialektischen und mechanistischen Materialismus voneinander abzugrenzen, die Spezifik des MARXschen Materialismus zu verstehen. Im Zusammenhang damit betonte W. I. LENIN, daß der Einfluß der dialektisch-materialistischen Philosophie auf die Entwicklung der Wissenschaft (insbesondere der Physik) nicht nur von den professionellen marxistischen Philosophen ausgeht, sondern auch von den Naturforschern, die sich die dialektische Methode aneignen und sie erfolgreich in ihrer wissenschaftlichen Tätigkeit anwenden. Indem sie in der Praxis die Fruchtbarkeit und die Notwendigkeit dialektisch-materialistischen Herangehens an die Wissenschaft demonstrieren, fördern die bewußten Anhänger des wissenschaftlichen Materialismus den Übergang anderer Forscher auf die Positionen der marxistischen Philosophie. Solche Naturwissenschaftler wurden mit den marxistischen Philosophen zu Propagandisten der Ideen des dialektischen Materialismus in den Naturwissenschaften. LENIN bestand darauf, daß das Bündnis nicht nur mit den konsequenten Materialisten im Bereich der Naturwissenschaften nötig sei, sondern auch mit jenen Naturforschern, die dem Materialismus nur zuneigen: „Nicht minder wichtig, wenn nicht gar noch wichtiger, als das Bündnis mit den konsequenten Materialisten, die nicht der Partei der Kommunisten angehören, ist für die vom streitbaren

Materialismus zu leistende Arbeit das Bündnis mit den Vertretern der modernen Naturwissenschaft, die dem Materialismus zuneigen und sich nicht scheuen, ihn entgegen den in der sogenannten ‚gebildeten Gesellschaft' herrschenden philosophischen Modeschwankungen zum Idealismus und Skeptizismus zu verfechten und zu propagieren."[20]) Die Schlußfolgerung W. I. LENINS bestand in der Notwendigkeit des Zusammenschlusses *aller* konsequenten Materialisten und in der Schaffung eines dauerhaften Bündnisses von Philosophie und Naturwissenschaft. W. I. LENIN forderte von den marxistischen Philosophen, dem Bündnis mit den Vertretern der modernen Naturwissenschaft mehr Aufmerksamkeit zu widmen. In einem solchen Bündnis von Philosophen und Einzelwissenschaftlern sah er die Bedingung für eine erfolgreiche Entwicklung von Physik und Philosophie. Nur auf diese Weise konnte der Kampf mit den unwissenschaftlichen, subjektiv-idealistischen und teilweise irrationalistischen philosophischen Strömungen geführt werden, die in Verbindung mit der Revolution in der Physik, der grundlegenden Änderung ihrer Gesetze und Prinzipien, entstanden waren. Wir müssen begreifen, stellte LENIN fest, „daß sich ohne eine gediegene philosophische Grundlage keine Naturwissenschaft, kein Materialismus im Kampf gegen den Ansturm der bürgerlichen Ideen und gegen die Wiederherstellung der bürgerlichen Weltanschauung behaupten kann."[21]) Die wissenschaftliche Bestimmung der Arbeitsrichtung der ersten marxistischen philosophischen Zeitschrift durch W. I. LENIN, und damit der Tätigkeit der sowjetischen Philosophen, spielte in der Entwicklung des marxistischen philosophischen Denkens insgesamt und insbesondere seiner Entwicklung in der Sowjetunion eine hervorragende Rolle.

W. I. LENIN formulierte aber nicht nur die Aufgaben der marxistischen philosophischen Zeitschrift, sondern verwies auch zugleich auf die gewaltigen Schwierigkeiten, mit denen deren Lösung verbunden sein wird.[22]) Diese Schwierigkeiten führten später dann tatsächlich zu verschiedenen Unzulänglichkeiten und Fehlern. Nichtsdestoweniger „können wir nur darauf stolz sein, daß ungeachtet der vorhandenen Unzulänglichkeiten und Fehler, unsere Theorie sich im ganzen entsprechend der Leninschen philosophischen Prinzipien entwickelte, die die Resultate maßgeblich bestimmten".[23])

Das Erscheinen der programmatischen Arbeit W. I. LENINS „Über die Bedeutung des streitbaren Materialismus" liegt mehr als ein halbes Jahrhundert zurück. In dieser Zeit haben das wissenschaftliche Denken und die dialektisch-materialistische Philosophie in der Sowjetunion bedeutende Erfolge erreicht. Der wissenschaftliche, marxistische philosophische Materialismus ist zur anerkannten Orientierung im Bereich der Weltanschauung, der Erkenntnistheorie und der Logik der wissenschaftlichen Erkenntnis geworden.

Indem W. I. LENIN die programmatischen Momente für die Entwicklung der dialektisch-materialistischen Philosophie bestimmte, wies er besonders auf die Wichtigkeit der Ausarbeitung der Dialektik als Erkenntnistheorie und Methode zur Untersuchung von Naturerscheinungen hin. Dabei galt es, die Dialektik HEGELS so zu nutzen, wie sie K. MARX verstanden hatte: „Gestützt auf die Marxsche Anwendung der materialistisch aufgefaßten Dialektik Hegels können und müssen wir diese Dialektik nach allen Seiten hin ausarbeiten ..."[24])

Die Zeitschrift „Unter dem Banner des Marxismus" sollte nach LENINS Vorstellungen zum Kampforgan des streitbaren Materialismus werden. Die Mitarbeiter der Zeitschrift sollten nicht nur auf den Positionen des Materialismus stehen, sondern auch zum Zentrum einer Gesellschaft von dialektischen Materialisten werden. Im weiteren wurde eine derartige Gesellschaft geschaffen. Sie trug die Bezeichnung „Gesellschaft der streitbaren materialistischen Dialektiker".[25]) Ungeachtet einer Reihe von Mängeln spielte diese Gesellschaft eine große Rolle in der Propaganda und bei der Entwicklung des dialektischen Materialismus sowie bei der Schaffung des Bündnisses zwischen Vertretern der dialektisch-materialistischen Philosophie und der Naturwissenschaften. In den Jahren 1929—1932 erschien die Zeitschrift „Estestvoznanie i Marksizm" (Naturwissenschaft und Marxismus), deren Chefredakteur O. Ju. Šmidt war. In der Zeitschrift wurden viele interessante Artikel zu philosophischen Problemen der Naturwissenschaften veröffentlicht. Außerdem erschien der „Vestnik Socialističeskoi akademii" (Bote der Sozialistischen Akademie, der bald in „Vestnik Kommunističeskoi akademii" umbenannt wurde), in dem die philosophischen Probleme der Relativitätstheorie und der Quantenphysik analysiert wurden. An der Arbeit der Sektion für Naturwissenschaften und exakte Wissenschaften der Kommunistischen Akademie nahmen solche bekannten Physiker wie S. I. Vavilov, I. E. Tamm, T. A. Ehrenfest, Mathematiker wie A. Ja. Chinčin, N. N. Luzin, der Astronom V. G. Fetisov und andere Naturforscher teil.

W. I. Lenin forderte, „das systematische Studium der Dialektik Hegels vom materialistischen Standpunkt zu organisieren". Er schrieb, „Die Gruppe der Redakteure und Mitarbeiter der Zeitschrift ‚Pod Snamenem Marxisma' sollte ... eine Art ‚Gesellschaft materialistischer Freunde der Hegelschen Dialektik' sein."[26]) Diese These spielte eine große Rolle, da die Entwicklung der Wissenschaften, insbesondere der Physik, nachdrücklich Materialismus und Dialektik erforderlich machte.

Gegen Ende des XIX. und zu Beginn des XX. Jahrhunderts, als das mechanische Weltbild der Physik zunächst durch das elektrodynamische und später durch ein Quanten-Feld-Bild abgelöst wurde, kannten die meisten Physiker die Dialektik nicht. Sie trennten sich nur mit Mühe von den metaphysischen Denkmethoden. Metaphysisches Denken, das die Erscheinungen in ihrer Isoliertheit und Statik betrachtet, kann die neuen Aufgaben der Wissenschaft nicht bewältigen. Die Begrenztheit der Metaphysik und das Mißverhältnis zwischen den Erfordernissen der Physik und der verbreiteten metaphysischen

Form des Denkens sind die Ursachen für die erkenntnistheoretischen Fehler der Physiker in der Anfangsperiode der philosophischen Analyse der Relativitätstheorie und der Quantenphysik.

Diese Diskrepanz wurde in der UdSSR in zwei Richtungen überwunden: erstens durch die Schaffung neuer sozialer Bedingungen, die die marxistisch-leninistische Philosophie zur herrschenden Philosophie werden ließen und zweitens durch die materialistische Verarbeitung der Geschichte des menschlichen Denkens, einschließlich der idealistischen Dialektik HEGELS.

Bei der Lösung der methodologischen und erkenntnistheoretischen Fragen der sich entwickelnden Wissenschaften konnte die materialistisch gedeutete Dialektik HEGELS von großem Nutzen werden. W. I. LENIN schrieb: „Die modernen Naturforscher werden (wenn sie es verstehen danach zu suchen, und wir es lernen, ihnen dabei zu helfen) in der materialistisch gedeuteten Dialektik Hegels eine Reihe von Antworten auf die philosophischen Fragen finden, die durch die Revolution in der Naturwissenschaft aufgeworfen werden und bei denen die intellektuellen Anbeter der bürgerlichen Mode zur Reaktion ‚abgleiten‘ “.[27])

W. I. LENIN knüpfte an die Gedanken von MARX und ENGELS zu diesen Fragen an und entwickelte sie weiter. In der „Dialektik der Natur“ hatte ENGELS bereits betont: „Die empirische Naturforschung hat eine so ungeheure Masse von positivem Erkenntnisstoff angehäuft, daß die Notwendigkeit, ihn auf jedem einzelnen Untersuchungsgebiet systematisch und nach seinem innern Zusammenhang zu ordnen, schlechthin unabweisbar geworden ist. Ebenso unabweisbar wird es, die einzelnen Erkenntnisgebiete unter sich in den richtigen Zusammenhang zu bringen. Damit aber begibt sich die Naturwissenschaft auf das theoretische Gebiet, und hier versagen die Methoden der Empirie, hier kann nur das theoretische Denken helfen. Das theoretische Denken ist aber nur der Anlage nach eine angeborne Eigenschaft. Diese Anlage muß entwickelt, ausgebildet werden, und für diese Ausbildung gibt es bis jetzt kein andres Mittel als das Studium der bisherigen Philosophie."[28])

Weiter kam F. ENGELS zu der Schlußfolgerung, daß gerade die Dialektik „aber für die heutige Naturwissenschaft die wichtigste Denkform" ist, „weil sie allein das Analogon und damit die Erklärungsmethode bietet für die in der Natur vorkommenden Entwicklungsprozesse, für die Zusammenhänge im ganzen und großen, für die Übergänge von einem Untersuchungsgebiet zum andern."[29])

Auf diese Weise führte die Entwicklung der physikalischen Wissenschaften und der Philosophie zur Notwendigkeit ihres Bündnisses. Die Krise der methodologischen Grundlagen dieser Wissenschaft gegen Ende des XIX. und zu Beginn des XX. Jahrhunderts war eine Krise der idealistischen Philosophie und der metaphysischen Denkmethode. Diese Krise zeigte auch anschaulich die Unzulänglichkeit des spontanen Materialismus der Naturwissenschaftler.

Die Enge und Hilflosigkeit der Methodologie des mechanistischen Materialismus zeigte sich in den 20er Jahren noch schärfer; seine Anhänger lehnten ganze Zweige der weiterentwickelten Physik ab, insbesondere die Quantenmechanik und die Relativitätstheorie. Der Philosoph A. I. VARJAŠ leugnete ebenso wie andere Mechanisten die Objektivität des Zufalls. Er betrachtete den Zufall als Form der Unkenntnis und identifizierte ihn mit Ursachlosigkeit. Der Zufall war für ihn „keine objektive Kategorie. Wenn man ihn als objektive Kategorie versteht, so führt das zur Aufhebung der streng kausalen Gesetzmäßigkeiten der Naturprozesse."[30]) Ein solches Herangehen an das Problem schloß die Möglichkeit aus, die statistische Interpretation der Quantenerscheinungen zu verstehen und zu akzeptieren.

Die metaphysische Denkweise ist ein unüberwindliches Hindernis für das Verständnis der inneren Gesetzmäßigkeiten der Wissenschaftsentwicklung und damit für das Verständnis der Gesetze des Erkenntnisprozesses. In ihrem Wesen ist sie ein Denken in unveränderlichen Dingen, nicht in Prozessen. Deshalb nahm im weiteren in der Tätigkeit der marxistischen Philosophen nicht nur der Kampf gegen den Idealismus, sondern auch der gegen den mechanistischen Materialismus einen bedeutenden Platz ein. Das war insbesondere deshalb wichtig, weil der Bruch mit einer Vielzahl der in der Physik seit langem benutzten Vorstellungen, Begriffen und Gesetzen andauerte, sich die Krise der methodologischen Grundlagen der Physik noch vertiefte und nur ein Ausweg blieb: der Übergang der Naturforscher auf die Positionen des dialektischen Materialismus.

Unter diesen Bedingungen kam der LENINschen dialektisch-materialistischen Konzeption zum Verhältnis von Philosophie und Naturwissenschaft entscheidende Bedeutung zu. Einige sowjetische Philosophen unterschätzten indessen die Rolle des theoretisch-philosophischen Erbes Lenins, negierten die Bedeutung seiner philosophischen Ideen für die Entwicklung der Wissenschaften. Es fanden sich Philosophen, die schrieben, daß „wir ein völlig abgeschlossenes und detailliert ausgearbeitetes marxistisches System der Methodologie benötigen. Steht uns ein derartiges System schon zur Verfügung? — Streng gesagt, nein. Tatsächlich existieren als grundlegende philosophische Arbeiten im Marxismus zwei Broschüren von ENGELS: der ‚Anti-Dühring‘ und ‚Ludwig Feuerbach und der Ausgang der klassischen deutschen Philosophie‘“.[31])

Der Autor dieser Behauptung begeht zwei wesentliche Fehler. Erstens demonstriert er sein Unverständnis für die Besonderheiten und den Charakter des Marxismus, seiner Einheitlichkeit, dafür, daß er „den Menschen eine einheitliche Weltanschauung gibt, die sich mit keinerlei Aberglauben, keinerlei Reaktion, keinerlei Verteidigung bürgerlicher Knechtung vereinbaren läßt“.[32]) Zweitens nennt er unter den marxistischen philosophischen Arbeiten, die von methodologischer Bedeutung sind, keine Arbeit von W. I. LENIN. In diesen Jahren verbreiteten einige Philosophen revisionistische Ideen über das Wechselverhältnis von Marxismus und Philosophie. So lesen wir bei KARL KORSCH: „Viel mehr sahen sie (Marx und Engels—K. D.) die Aufgabe ihres ‚wissenschaftlichen Sozialismus' darin, nicht nur alle bisherige bürgerliche Idealphilosophie, sondern damit zugleich auch alle Philosophie überhaupt formell und inhaltlich endgültig zu überwinden und ‚aufzuheben'".[33])

Ähnliche revisionistische Ideen haben ihren Ursprung bei KARL KAUTSKY, der in der Periode des Kampfes der Marxisten, vor allem W. I. LENINS, mit den Spielarten der empiriokritizistischen Philosophie schrieb: „Wenn sie mich fragen, ob Plechanow die marxistische Philosophie richtig lehrt, werde ich antworten müssen, daß Marx überhaupt keine Philosophie sondern das Ende jeglicher Philosophie verkündet hat."[34])

Der Nachweis der wissenschaftlichen Unhaltbarkeit und politischen Schädlichkeit solcher Behauptungen gehörte in dieser Zeit zu den vordringlichsten Aufgaben der Partei und der marxistischen Philosophen.

Der Sieg der Großen Sozialistischen Oktoberrevolution zeigte, daß der Marxismus-Leninismus eine wissenschaftliche Theorie ist, die die objektiven Beziehungen der Erscheinungen widerspiegelt, das Wesen der Dinge aufdeckt und dabei selbst entwicklungsunfähig ist. Er bestätigte praktisch die Objektivität und Wahrheit der marxistischen Philosophie und wies nach, daß der dialektische Materialismus in der Glaubwürdigkeit, dem theoretischen Niveau, der Vollständigkeit der Erklärungen und seinen Verallgemeinerungen und Schlußfolgerungen insbesondere nicht hinter den naturwissenschaftlichen Theorien zurückbleibt. Im Gegenteil, erst die Philosophie des Marxismus-Leninismus gibt den naturwissenschaftlichen Theorien die notwendige philosophische Begründung.

Die Vertreter der marxistisch-leninistischen Philosophie mußten gegen Philosophen kämpfen, die die Rolle des dialektischen Materialismus in der Entwicklung der Physik verzerrt darstellten. Die Bedeutung der Philosophie des Marxismus für die Entwicklung der Physik wurde vor allem von den Idealisten negiert. Die Rolle der Philosophie für die Entwicklung der Wissenschaft unterschätzten und lehnten aber auch Naturwissenschaftler ab, die keinen Unterschied zwischen der wissenschaftlichen Philosophie des Marxismus und den idealistischen philosophischen Systemen oder dem metaphysischen Materialismus sahen. Die idealistischen Philosophen N. O. Losskij, N. A. Berdjaev, die Anhänger der Erkenntnistheorie des Machismus A. A. Bogdanov, V. A. Bazarov und P. S. Juškevič traten gegen die Grundprinzipien der marxistischen Philosophie und das Bündnis der Vertreter der dialektisch-materialistischen Philosophie und der Naturwissenschaften auf. Es gab in dieser Zeit einzelne Autoren, die die Philosophie insgesamt verwarfen, die die Losung proklamierten: „Die Philosophie über Bord!" Zu ihnen gehörte vor allem S. K. Minin, der behauptete: „Während wir den wissenschaftlichen Kommunismus komplettieren und vervollständigen, sorgen wir in erster Linie dafür, daß von der Kommandobrücke der Religion auch die Philosophie vollständig über Bord geht." [35])

Die marxistischen Philosophen, geführt durch die kommunistische Partei, deckten das Klassenwesen, die wissenschaftliche Unhaltbarkeit und politische Schädlichkeit solcher Behauptungen auf und führten einen entschlossenen Kampf gegen die offenen und versteckten Idealisten, Mechanisten und andere Gegner der marxistisch-leninistischen Philosophie.

Der Kampf mit den offenen Idealisten war oft nicht so schwierig wie der Kampf mit jenen Naturwissenschaftlern, die gegen den dialektischen Materialismus auftraten, dabei seine Besonderheiten nicht verstanden, ihn im „besten" Fall nur unterschätzten. Diese Unterschätzung führte Mechanisten, beispielsweise A. K. Timirjazev, zur Behauptung: „In seiner Arbeit steht der Naturwissenschaftler — insofern er seine Sache gut macht —, dies selbst oft nicht vermutend, auf dem Standpunkt des konsequenten Materialismus." [36])

Mit dem „konsequenten Materialismus“ meinte der Autor den dialektischen Materialismus. Bei der Publikation eines Sammelbandes mit Artikeln, die von bekannten Naturforschern geschrieben worden waren, vertrat A. K. Timirjazev die Ansicht, daß „die allgemeinen Darlegungen über die Entwicklung der Wissenschaften jene Leitgedanken sind, von denen diese Artikel durchdrungen sind, die in einem harmonischen Ganzen zusammenfließen — in der wahren Philosophie der Wissenschaft, die für den Naturforscher ebenso Mittel der Arbeit ist wie jede materielle Unterstützung: Geräte, Instrumente und Maschinen, ohne die die Arbeit eines Gelehrten undenkbar ist.“[37]) In ihrer Gesamtheit können allerdings die allgemeinen Darlegungen über die Entwicklung der Wissenschaft, die den Artikeln O. Wieners, F. Berkners, H. Helmholtz‘, Ch. Darwins und L. Boltzmanns im gesamten Sammelband vorgebracht werden, nicht — wie A. Timirjazev annimmt — den dialektischen Materialismus ergeben; selbst nicht in den Fragen, die Gegenstand der Betrachtung in diesen Artikeln sind.

Die Anhänger der mechanistischen Richtung deuteten die Rolle des dialektischen Materialismus im wissenschaftlichen Erkenntnisprozeß nicht richtig, identifizierten spontanen Materialismus mit dem dialektischen. Z. A. Cejtlin war der Ansicht, daß „der spontane Materialismus der Wissenschaft nicht einfach Materialismus, sondern dialektischer Materialismus“ ist.[38]) A. K. Timirjazev stellte sich die Funktion der materialistischen Dialektik im Erkenntnisprozeß so vor: „Um die Dialektik aus der Natur abzuheben, ist in jedem konkreten Fall eine genaue Untersuchung notwendig, die man derart weit treiben muß, daß die Dialektik selbst als Resultat der gesamten Forschung erscheint.[39])

Natürlich ist es richtig, daß sich für den dialektischen Materialisten die subjektive Dialektik aus der Natur, der gesellschaftlichen Praxis ergibt und objektive Beziehungen ausdrückt. Die angeführte Behauptung jedoch zeigt das

Unverständnis für den heuristischen Charakter des dialektischen Materialismus, unterschätzt die Dialektik als Wissenschaft, als theoretisches System, das die Ausarbeitung neuer Begriffe, die Veränderung des Inhaltes alter Kategorien, Gesetze und Theorien begünstigt. Dialektik ist nicht nur das Resultat der Forschung, sondern wirkt auch in der Forschung, bereitet Forschungsresultate vor. Wird das nicht gesehen, kommt man zur Aufgabe der methodologischen und der erkenntnistheoretischen Funktion der Philosophie. Das ist kein Zufall, sondern ein Resultat der allgemeinen philosophischen Positionen der Anhänger des Mechanizismus.

Die Entwicklung der Wissenschaft, insbesondere der Physik, forderte nachhaltig die dialektische Denkmethode, die Verwirklichung des Bündnisses der wissenschaftlichen Philosophie und der Physik. Die gründliche Kritik der mechanistischen Positionen einzelner Naturforscher und Philosophen durch die sowjetischen Philosophen zeigte die Unzulänglichkeit der Versuche, die materialistische Philosophie auf *eine* abgeschlossene Verallgemeinerung einzelner Wissenschaften zu reduzieren. Die Wissenschaftler selbst erkannten die Notwendigkeit eines Bündnisses, ohne das, wie W. I. Lenin nachwies, „der streitbare Materialismus schlechthin weder streitbar nach materialistisch sein ...“ kann.[40]) Die Naturforscher wären ohne materialistische Dialektik in philosophischen Verallgemeinerungen hilflos.

In dieser Weise wuchs die Rolle des dialektischen Materialismus. Für die Entwicklung der Physik war diese Philosophie der Ausweg aus den methodologischen und erkenntnistheoretischen Schwierigkeiten. Die Praxis erwies die Richtigkeit der Leninschen Feststellung, daß eine erfolgreiche Ausarbeitung der wissenschaftlichen Weltanschauung nur von den Positionen des dialektischen Materialismus aus möglich ist. Der Naturforscher, wies W. I. Lenin nach, muß „moderner Materialist, bewußter Anhänger des von Marx vertretenen Materialismus sein, das heißt, er muß dialektischer Materialist sein."[41]) W. I. LENIN zeigte, daß der Naturwissenschaftler *bewußter* Materialist sein muß. Der naturwissenschaftliche, spontane Materialismus genügt nicht mehr für die Lösung der philosophischen Probleme der modernen Naturwissenschaft und den Kampf mit den idealistischen philosophischen Richtungen, die aus den Schwierigkeiten des Erkenntnisprozesses Kapital zu schlagen trachten. Die materialistische Dialektik bewußt zu handhaben, ist eine notwendige Bedingung für die erfolgreiche Entwicklung der Wissenschaft. Diese Schlußfolgerung gehört zum philosophischen Vermächtnis W. I. LENINS.

Die Untersuchung der Spezifik der LENINschen Kritik am Machismus erlangte in den betrachteten Jahren große Aktualität für die Entwicklung von Physik und Philosophie. Die LENINschen Thesen waren von Bedeutung für die Auseinandersetzung mit der sich in der UdSSR herausbildenden mechanistischen Richtung (A. K. TIMIRJAZEV, A. I. VARJAŠ, Z. A. CEJTLIN, I. I. SKVORCOV-STEPANOV u. a.). Die Mehrzahl der Vertreter dieser Richtung sah die Unvereinbarkeit vieler Ergebnisse der theoretischen Physik mit der mechanistischen Weltanschauung als Unvereinbarkeit mit der Philosophie des dialektischen Materialismus an. Deshalb lehnten die Mechanisten, insbesondere A. K. TIMIRJAZEV und Z. A. CEJTLIN, die Relativitätstheorie EINSTEINS auf das entschiedenste ab. Die Hauptursache für eine solche Ablehnung der Ergebnisse der neuesten Physik war in der mechanistischen Denkweise dieser Wissenschaftler zu sehen. A. K. TIMIRJAZEV und Z. A. CEJTLIN konnten die objektive Dialektik der Wechselwirkung von Raum, Zeit und sich bewegender Materie nicht verstehen, die in der EINSTEINschen Theorie in spezifischer Weise erfaßt wird.

Einzelne Autoren wie P. V. ALEKSEEV versuchen, bei der Betrachtung der Ablehnung der Relativitätstheorie durch A. K. TIMIRJAZEV und seine Anhänger nachzuweisen, daß „sie die dialektisch-materialistische Bedeutung der Theorie EINSTEINS nur ablehnten, weil sie ihrer Meinung nach im physikalischen Teil unbegründet oder nicht ausreichend begründet war.“[42]) Davon gehen auch B. Z. VINOKUROV und P. S. KUDRJAVCEV aus.[43]) Damit kann man sich aber nicht einverstanden erklären.

A. K. TIMIRJAZEV trat anfangs tatsächlich gegen die Relativitätstheorie auf, weil sie angeblich physikalisch, insbesondere experimentell unzureichend begründet war.[44]) Obgleich er schon damals einzelne philosophische Argumente benutzte, ohne sich auf den dialektischen Materialismus zu berufen, begründete er seine Ablehnung der Theorie EINSTEINS vor allem mit physikalischen Argumenten. Später jedoch, besonders nach der Oktoberrevolution, benutzte er immer häufiger philosophische Argumente und berief sich auf den dialektischen Materialismus. Das wurde natürlich von den Gegnern der marxistisch-leninistischen Philosophie ausgenutzt, die dann behaupteten, die Relativitätstheorie werde vom dialektischen Materialismus verworfen. Dabei können sie auf Arbeiten A. K. TIMIRJAZEVS u. a. verweisen, in denen mittels philosophischer und physikalischer Argumente die Unzulänglichkeit der neuen Theorie des Raumes, der Zeit und der Gravitation behauptet wird und bereits die Titel der Arbeiten diese Stoßrichtung anzeigen.[45]) In diesen Artikeln wird behauptet, die Relativitätstheorie widerspreche dem dialektischen Materialismus. Ihr grundlegender Mangel ist in der Begrenztheit der metaphysischen Ansichten ihrer Autoren, im metaphysischen Charakter des mechanistischen Materialismus zu sehen, dessen Anhänger sie in Wirklichkeit waren.

B. G. KUZNECOV schrieb damals: „Unsere Mechanisten (er meint A. K. TIMIRJAZEV und dessen Anhänger — K. D.) machen Lärm wegen der Relativitätstheorie, die ebenso wie andere neue Naturerkenntnisse eine Bresche in ihre primitive Weltanschauung schlägt. Die Theorie EINSTEINS ist unvereinbar mit dem metaphysischen ‚gesunden Menschenverstand‘, sie widerspricht dem metaphysischen Materialismus, aber einen anderen Materialismus wünschen sie nicht zu kennen.“[46])

Indem einige Physiker und Philosophen nihilistisch an die neueste Physik herantraten, behinderten sie den Kampf gegen idealistische Spekulationen. Sie gaben ihre metaphysisch-materialistischen Ansichten als dialektische aus und halfen so unfreiwillig den Idealisten. Eine solche Position hemmte die Entwicklung der Wissenschaft, insbesondere der Physik. Im Kampf der Ideen und verschiedenen philosophischen Richtungen der 20er—30er Jahre in der UdSSR behinderten aber die fehlerhaften Konzeptionen der Mechanisten die Entwicklung der marxistisch-leninistischen Philosophie noch weitaus stärker. Sie begünstigten vor allem die Verbreitung positivistischer und mechanistischer Theorien.

Einige Philosophen, die sich mit der Analyse einzelner Aspekte der Entwicklung der Philosophie in der UdSSR beschäftigten, behaupten, daß „sowohl die mechanistischen Ansichten einer Reihe von Naturforschern und Philosophen als auch die Thesen der Vertreter des menschewistischen Idealismus in den philosophischen Diskussionen, die von der Kommunistischen Akademie, dem Institut der Roten Professur und anderen wissenschaftlichen Institutionen und Hochschulen durchgeführt wurden, einer allseitigen Kritik ausgesetzt waren."[47]) Derartige Behauptungen vereinfachen den realen Prozeß der Entwicklung des philosophischen Denkens in der UdSSR. Es entsteht der Eindruck, als hätte es Philosophen oder philosophische Institutionen gegeben, die über die absolute Wahrheit verfügten und fertige Lösungen in allen methodologischen und weltanschaulichen Fragen besessen hätten, die durch die Entwicklung der Natur- und Gesellschaftswissenschaften gestellt wurden. Die Autoren solcher Artikel berücksichtigen nicht, daß die Anwendung wissenschaftlicher methodologischer Prinzipien, wie sie von den Begründern des Marxismus ausgearbeitet wurden, ein komplizierter Prozeß ist. Die objektive Wahrheit und der konsequent wissenschaftliche Charakter des dialektischen Materialismus garantieren nicht automatisch die Wahrheit der Resultate, die von diesen oder jenen

Autoren erzielt werden, die sich als Vertreter dieses philosophischen Standpunktes fühlen. Obwohl einige Autoren subjektiv von der richtigen Anwendung dialektisch-materialistischer Gedanken im neuen Bereich der Erkenntnis überzeugt waren, gelangten sie objektiv zu Fehlern. Es gibt keine *unmittelbaren* logischen Beziehungen zwischen den philosophischen Prinzipien und den Erkenntnissen der Einzelwissenschaften!

Die Situation wurde in der untersuchten Periode auch dadurch komplizierter, daß einige grundlegende Ideen des dialektischen Materialismus unterschiedlich verstanden wurden. Man suchte nach Wegen für eine Entwicklung der philosophischen Forschung. Keine philosophische Einrichtung des Landes hatte fertige Lösungen für die Mehrzahl der fundamentellen philosophischen Probleme, die von der Entwicklung der Naturwissenschaften aufgeworfen wurden. Deshalb versuchten die marxistischen Philosophen, ausgehend von den durch die Begründer des Marxismus-Leninismus ausgearbeiteten Prinzipien dieser Philosophie, die anstehenden Probleme zu lösen, die Gesetze und Kategorien der materialistischen Dialektik in Übereinstimmung mit den dringenden Erfordernissen der naturwissenschaftlichen Forschung und der Praxis des sozialistischen Aufbaus zu entwickeln; die wissenschaftliche Ideologie im Kampf mit zahlreichen anderen ideologischen Konzeptionen zu verteidigen. Deshalb ist eine Darstellung, nach der die Mechanisten und die Vertreter der DEBORINschen Schule mechanistische und idealistische Fehler zuließen, aber in den philosophischen Diskussionen, die von der Kommunistischen Akademie, dem Institut der Roten Professur und anderen wissenschaftlichen und philosophischen Institutionen und Hochschulen des Landes geführt wurden, diese einer allseitigen Kritik unterzogen wurden, eine unzulässige Vereinfachung. Ein solches Herangehen berücksichtigt nicht die reale Situation und die Besonderheiten der Situation in der Philosophie dieser Zeit. Vor allem aber werden jene erkenntnistheoretischen Schwierigkeiten übersehen, deren notwendige Überwindung in einer Reihe von Fällen zu mechanistischen oder formalistischen Fehlern führte. In einer relativ kurzen Periode war es nötig, das marxistische Verhältnis zu den neuen fundamentalen und außerordentlich komplizierten Problemen der Naturwissenschaft auszuarbeiten. Dabei unterliefen solchen hervorragenden Marxisten wie I. I. SKVORCOV-STEPANOV (in der Frage zum Verhältnis von Philosophie und Einzelwissenschaften), V. I. NEVSKIJ (zu philosophischen Problemen der Relativitätstheorie), V. V. ADORATSKIJ (zu Problemen der Ideologie) u. a. Fehleinschätzungen. Einige Fehleinschätzungen waren darauf zurückzuführen, daß viele fundamentale Arbeiten von MARX, ENGELS und LENIN, die in der UdSSR erst in den 20er Jahren publiziert wurden, weitestgehend unbekannt waren. Das gilt vor allem für F. ENGELS' „Dialektik der Natur“ und W. I. LENINS „Philosophische Hefte“.

Eine entscheidende Rolle bei der Überwindung mechanistischer und formalistischer Fehleinschätzungen spielte der Beschluß des ZK der RKP(B) vom 25. Januar 1931 „Über die Zeitschrift ‚Unter dem Banner des Marxismus‘“, in dem die Bilanz der philosophischen Diskussionen der 20er—30er Jahre gezogen wurde.[48])

Die Analyse der Herausbildung und der Entwicklung der marxistisch-leninistischen Philosophie in der UdSSR zeigt, daß für den Sieg der einheitlichen wissenschaftlichen Weltanschauung und Methode zur Untersuchung und zur Umgestaltung von Natur und Gesellschaft — den dialektischen Materialismus — eine tiefgehende, beweiskräftige Kritik der Erscheinungsformen sowohl des Mechanizismus als auch formalistischer Fehler notwendig war. Dabei galt es, jene methodologischen Prinzipien der Kritik an mechanizistischen und idealistischen Anschauungen fruchtbar zu machen, die von den Klassikern des Marxismus-Leninismus ausgearbeitet worden waren.

In den ersten Jahren der Sowjetmacht war die Arbeit an der Lösung philosophischer Fragen der Naturwissenschaft auf die Aneignung und praktische Anwendung jenes reichen Erbes gerichtet, das die Klassiker des Marxismus-Leninismus hinterlassen hatten. Aber dieser Prozeß verlief in einer Übergangsperiode und unter den Bedingungen eines erbitterten Klassenkampfes im Lande. Das spiegelte sich auch im Kampf der Ideen an der philosophischen Front wider.

V. I. KLUSIN bemerkt richtig, daß „in der Periode, als das systematische Studium der Werke von Marx, Engels und Lenin erst begann, die Deutung vieler Grundthesen der wissenschaftlichen Weltanschauung für die ersten sowjetischen marxistischen Theoretiker teilweise sehr kompliziert war.“[49]) Die Auffassungen des Proletkults, insbesondere A. A. BOGDANOVS, hatten auf verschiedene Formen der Geringschätzung der Philosophie als eigenständige Wissenschaft einen erheblichen Einfluß. Die von BOGDANOV unter der Losung der Weiterentwicklung des Marxismus vorgenommene Diskreditierung der Philosophie überhaupt und des dialektischen Materialismus insbesondere, sowie seine Auffassungen zum Verhältnis von Philosophie und Naturwissenschaft, beeinflußte solche Philosophen und Naturwissenschaftler wie S. K. MININ, I. A. BORIČEVSKIJ, V. S. ROŽICYN, V. MILLER u. a. Diese traten nicht nur gegen die Philosophie als eigenständige Wissenschaft auf, sondern hielten auch die philosophische Analyse der neuesten Ergebnisse der naturwissenschaftlichen Erkenntnis für überflüssig. Indem sie die Notwendigkeit einer philosophischen Begründung naturwissenschaftlicher Ausgangsprinzipien verneinten, unterstellten sie den naturwissenschaftlichen Gesetzen und Methoden den Charakter absoluter und allgemeingültiger Wahrheit. Während sie die Naturwissenschaften der Philosophie entgegenstellten, die angeblich über den positiven Wissenschaften steht, versuchten I. A. BORIČEVSKIJ, V. SMOLENSKIJ, V. MILLER u. a. die Philosophie zu einer „Wissenschaft über die Wissenschaft“ zu machen, die die Ergebnisse der naturwissenschaftlichen Disziplinen synthetisieren und ein Gesamtbild der Realität schaffen sollte.

Grundlage der Schlußfolgerung dieser Autoren ist die antidialektische Entgegenstellung von Allgemeinem und Einzelnem, die Reduzierung der Materie auf den Stoff.

Der bekannte marxistische Wissenschaftler, Publizist und Atheist I. I. Skvorcov-Stepanov kam zu einer mechanistischen Fehleinschätzung, als er die Identität von marxistischer Philosophie und der Gesamtheit endlicher Schlußfolgerungen der Naturwissenschaft behauptete.[50]) Außerdem gelangte eine Reihe von Naturwissenschaftlern zu vereinfachenden Auffassungen in den theoretischen Naturwissenschaften, weil sie die materialistische Dialektik nicht auf die sich entwickelnde naturwissenschaftliche Erkenntnis anzuwenden vermochten.

Gegen die Versuche, die Philosophie des wissenschaftlichen Materialismus auf den mechanistischen, im Wesen metaphysischen Materialismus zu reduzieren, traten die marxistischen Philosophen auf. Es entbrannte in vielen Städten der Republik ein Kampf für die materialistische Dialektik, für den marxistischen philosophischen Materialismus.

Den Diskussionen mit den Mechanisten kam bei der Formierung der marxistischen Kader große Bedeutung zu. Sie hatten auch einen wesentlichen Einfluß auf die Lösung der philosophischen Fragen der neuen Etappe der Entwicklung der Physik. Eine bedeutende Rolle im Kampf gegen die mechanistischen Entstellungen des dialektischen Materialismus spielte damals die Zeitschrift „Unter dem Banner des Marxismus“.

Zu Beginn der 30er Jahre traten jedoch Mängel in der Tätigkeit der Leitung dieser Zeitschrift zutage, insbesondere bei A. M. Deborin und anderen Genossen, die die Mechanisten zu Recht kritisierten, doch dabei eine Reihe von formalistischen Fehlern begingen. Letztlich wurde die Philosophie in den Vorstellungen dieser Gruppe zu einer Wissenschaft, die über der Praxis steht, insbesondere auch über den Naturwissenschaften, die aus der Philosophie hervorgehen.

In der marxistischen Literatur entwickelte sich eine

neue Diskussion, in der sowohl die Abweichungen der Mechanisten vom Marxismus als auch die Positionen der Gruppe um A. M. DEBORIN kritisiert wurden. Die Kritik der Mechanisten durch die DEBORIN-Anhänger konnte nicht konsequent sein, da A. M. DEBORIN und seine Anhänger oft die Grenze zwischen der idealistischen Dialektik HEGELS und der materialistischen Dialektik von MARX und LENIN verwischten. So lesen wir in einem unter seiner Redaktion herausgegebenen Werk: „Die Begründer des Marxismus haben sich die Dialektik Hegels angeeignet und ihr durch die Vereinigung mit dem Materialismus eine wissenschaftliche Basis gegeben. Sie wurde zum unveräußerlichen Bestandteil des dialektischen Materialismus.“[51])

Wissenschaftliche Erkenntnisse waren für diese Gruppe immer mehr nur noch von ausschließlich illustrativem Interesse. Die Analyse der methodologischen Probleme der Wissenschaft hatte die bereits feststehenden philosophischen Aussagen lediglich noch zu bestätigen.

Das Studium der dialektischen Philosophie Hegels war unbedingt notwendig. Ohne diese wäre eine fruchtbare Entwicklung der materialistischen Dialektik unmöglich gewesen. Aber leider wurden einige sowjetische Philosophen zu „Gefangenen“ des genialen deutschen idealistischen Dialektikers, wobei sie subjektiv überzeugt waren, das LENINsche Vermächtnis über das Verhältnis des Marxismus zur HEGELschen Philosophie zu erfüllen.

Ein anderes Problem, das einen wesentlichen Einfluß auf die philosophische Forschung ausübte, war die Einschätzung der philosophischen Tätigkeit W. I. LENINS und der von ihm ausgearbeiteten methodologischen und weltanschaulichen Grundsätze. Die Diskussion der Komplexe: LENIN als Philosoph; LENIN und PLECHANOV; das Wesen der LENINschen Etappe der Entwicklung des Marxismus u. a. hatte unmittelbaren Einfluß auf das Herangehen und die Lösung der methodologischen und erkenntnistheoretischen Probleme der Naturwissenschaften. In der sich entfaltenden philosophischen Auseinandersetzung wurde die Tiefe, Originalität und Neuheit der LENINschen philosophischen Gedanken gezeigt, wurde nachgewiesen, daß das LENINsche philosophische Denken die marxistische Philosophie auf eine neue Stufe der Entwicklung gehoben hatte. Die marxistischen Philosophen wiesen Unterschätzungen des LENINschen theoretischen Erbes auf das Entschiedenste zurück.

Der Kampf für die LENINschen theoretischen Prinzipien wurde auch deshalb notwendig und aktuell, weil es Philosophen gab, die auf die eine oder andere Weise den Gedankenreichtum der philosophischen Arbeiten LENINS schmälerten. So wurde zum Beispiel in der Rezension zur ersten Gesamtausgabe der Werke W. I. LENINS behauptet, daß „W. I. Lenin kein einziges Wort zu denen von Marx hinzugefügt hat. Er lehrte ihn zu verstehen und verwandelte seine Theorie in eine mächtige Waffe der proletarischen Revolution.“[52]) Die Gegenüberstellung LENIN als Praktiker, als Führer des Proletariats und LENIN als Theoretiker, als Philosoph war verschiedentlich zu finden.[53])

In dieser Periode erschienen aber auch viele Artikel und Monografien, die den Reichtum des LENINschen philosophischen Erbes aufdeckten.[54]) In ihnen wurden unterschiedliche Aspekte der philosophischen Tätigkeit W. I. LENINS einer gründlichen theoretischen Analyse unterzogen und seine Weiterentwicklungen der grundlegenden Ideen der marxistischen Philosophie aufgezeigt. Im Verlauf dieser Arbeit wurde auch der methodologischen und erkenntnistheoretischen Analyse der Naturwissenschaften viel Aufmerksamkeit gewidmet. Das hatte große Bedeutung für die Überwindung mechanistischer Tendenzen im Bereich der theoretischen Naturwissenschaften und richtete sich zugleich gegen Auffassungen von Philosophen, die die Philosophie als Form der Erkenntnis über die Spezialwissenschaften stellten. Obgleich diese wissenschaftlich und politisch notwendige Literatur nicht fehlerfrei war[55]), förderte sie aber in ihrer Gesamtheit[56]) die Entwicklung der marxistisch-leninistischen Philosophie und die Lösung weltanschaulicher, erkenntnistheoretischer und methodologischer Probleme der modernen Naturwissenschaft insbesondere.

Die Kritik wissenschaftlich unzulänglicher Standpunkte bei der Einschätzung der LENINschen Etappe der Entwicklung des Marxismus und seiner Philosophie gehört zu den wichtigen Ergebnissen des marxistischen philosophischen Denkens der betrachteten Periode. Dazu war ein wissenschaftliches Herangehen an das LENINsche philosophische Erbe und die Fragen der Methodologie der Naturwissenschaft erforderlich. Die Notwendigkeit des Studiums der LENINschen philosophischen Arbeiten wie „Materialismus und Empiriokritizismus“, „Über die Bedeutung des streitbaren Materialismus“, „Philosophische Hefte“, „Noch einmal über die Gewerkschaften, die gegenwärtige Lage und die Fehler Trotzkis und Bucharins“ und die Anwendung der von LENIN ausgearbeiteten methodologischen Grundsätze in der Praxis wurde nicht nur in Verbindung mit der Verschärfung des ideologischen Kampfes, sondern auch wegen der Forderungen aus der naturwissenschaftlichen Forschung immer aktueller.

In den sich entfaltenden philosophischen Diskussionen nahmen Fragen der materialistischen Dialektik im Zusammenhang mit den Naturwissenschaften einen bedeutenden Platz ein. Die theoretische Naturwissenschaft, Erkenntnisse aus der Physik und der Biologie wurden sowohl von den Anhängern der mechanistischen Richtung als auch von den Vertretern der DEBORINschen Schule angeführt. In diesem Zusammenhang muß man bemerken, daß es den Anhängern der DEBORINschen philosophischen Plattform — ungeachtet einer Reihe wesentlicher Fehler — in der Auseinandersetzung mit der sich im Lande herausbildenden mechanistischen Richtung gelang, die Unterschätzung der neuen Ergebnisse der theoretischen Naturwissenschaften zurückzuweisen. Methodologische Schwächen führten allerdings zu Fehleinschätzungen und Ungenauigkeiten bei der Lösung philosophischer Probleme der Relativitätstheorie und der Quantenphysik.

So brachte A. M. Deborin in der ersten Zeit der Relativitätstheorie wenig Verständnis entgegen. Er schrieb: „Als Lenin sein Buch über Materialismus und Empiriokritizismus schrieb, konnte er nicht voraussehen, daß nach der Relativitätstheorie die Bestimmungen ‚später' und ‚früher' auch vertauscht werden können. Es ist — wie sich zeigt — ganz und gar nicht bestimmt, daß ich *früher* geboren wurde, *danach* allmählich altere und sterbe. *Vom Standpunkt der Relativitätstheorie kann ich mein Leben mit dem Ende beginnen und allmählich bis zur Geburt gelangen. Diese Sophistik, die die ganze Welt umstößt, unserem ganzen Leben, unserer gesamten Praxis Hohn spricht, fußt auf denselben gnoseologischen Prinzipien wie auch der Machismus, der Humeismus u. ä.* Zum Glück ist es in Wirklichkeit etwas anders. Die Zeit ist vielleicht in der Phantasie, in der Welt abstrakter Begriffe umkehrbar, aber nicht in der Welt der Realität."[57])

Die angeführte Behauptung zeigt, daß Deborin zunächst die Rolle des Postulates der speziellen Relativitätstheorie über die Konstanz der Lichtgeschwindigkeit im Vakuum für die Lösung des Problems der Zeit und des Kausalzusammenhanges nicht verstand. Die Position Deborins wurde von S. Ju. Semkovskij kritisiert.[58]) Im weiteren traten A. M. Deborin und seine Schüler nicht mehr gegen die Relativitätstheorie auf, sie nahmen ihre Existenz als Fakt.

Insgesamt bemühten sich viele Anhänger der Gruppe Deborins, Klarheit über den formal-logischen oder den dialektischen Charakter bestimmter Theorien zu erlangen. Da die Dialektiker (so wurde die Gruppe Deborins in der Literatur jener Jahre oft genannt) die Philosophie hauptsächlich als Methode betrachteten, wobei sie häufig die Philosophie und ihre methodologische Funktion identifizierten, erhielt diese Frage eine wichtige Bedeutung für die Einschätzung der physikalischen und naturwissenschaftlichen Theorien insgesamt. Dabei kam es zu Fehleinschätzungen, die sich auf die Problemstellung auswirkten. A. M. Deborin und einige seiner Anhänger stellten die formal-logische und die dialektische Methode starr gegenüber. Die absolute Gegenüberstellung dieser Methoden führte zu einer Unterschätzung der Rolle des dialektisch verstandenen formal-logischen Apparates in der Erkenntnis.

A. M. DEBORIN führte zum Gegenstand der formalen Logik aus: „Die formale Logik behauptet, daß das Wesen (Ding, Subjekt u. ä.) sich selbst nicht widersprechen kann, daß seine Einheit in der abstrakten Identität liegt. Wenn wir jedoch verstehen, daß die Einheit des Wesens gerade in einander widersprechenden Bestimmungen besteht, dann werden wir notgedrungen die Fehlerhaftigkeit der formalen Logik anerkennen.“[59])

Ein solches Verständnis des Wesens des Formallogischen führte A. M. DEBORIN zur direkten Entgegenstellung der Ergebnisse der modernen naturwissenschaftlichen Erkenntnis und der formalen Logik: „Die moderne Wissenschaft macht eine Periode der Wirren durch, das ist offensichtlich. Wir befinden uns vielleicht am Vorabend einer Umgestaltung des gesamten Gebäudes der modernen Wissenschaft. Deshalb ist es nicht erstaunlich, daß viele Naturwissenschaftler zum Idealismus und sogar zum Mystizismus abgleiten, wobei sie nicht in der Lage sind, theoretisch die in der einen oder anderen Wissenschaft angesammelten Widersprüche zu verstehen. Für deren Überwindung erweist sich die alte formale Logik als unzureichend. Sie *muß durch die dialektische Logik ersetzt werden.*“[60])

Diesen Gedanken wiederholte A. M. DEBORIN mehrfach. Dabei sah er die Ursache für die Krise in den methodologischen und erkenntnistheoretischen Grundlagen der Naturwissenschaft in der Herrschaft der formalen Logik: „Die gegenwärtige Krise der Physik“ — bemerkte er, „ist in bedeutendem Grade aus der Diskrepanz zwischen der alten formalen Logik und dem neuen faktischen Inhalt der Wissenschaft erklärbar ... Theoretisch drückt sich die neueste ‚Krise‘ der Physik im Widerspruch zwischen den eingebürgerten alten Formen des Denkens und den neuen Resultaten, die nicht in diese alten Formen des Denkens hineinpassen, aus. Bisher ging man davon aus, daß die formale Logik einziges Mittel der Forschung ist."[61])

Der grundlegende Fehler in diesen Überlegungen A. M. DEBORINS ist darin zu sehen, daß die formale Logik von ihm mit metaphysischer Forschungsmethode identifiziert wird und die Möglichkeit eines dialektischen Herangehens an die formale Logik ausgeschlossen bleibt. Daraus folgt eine metaphysische Entgegenstellung von dialektischer und formaler Logik.

In dieser Position A. M. DEBORINS und der DEBORINschen Schule tritt der direkte Einfluß der HEGELschen Auffassung offen zutage. Das mußte sich bei der Behandlung der philosophischen Probleme der Relativitätstheorie widerspiegeln.

Das Herangehen EINSTEINS an die Lösung der Widersprüche zwischen experimentellen Ergebnissen und theoretischen Annahmen sowie zwischen unterschiedlichen theoretischen Prinzipien ist angewendete Dialektik. Seine Methode der Forschung ebenso wie das in der Relativitätstheorie vorliegende Resultat sind das Ergebnis einer konkreten Anwendung verschiedener Prinzipien der dialektischen Denkmethode. Diesen Standpunkt verteidigten solche Philosophen und Naturwissenschaftler wie S. JU. SEMKOVSKIJ, B. M. GESSEN, A. A. GOLCMAN, S. I. VAVILOV, O. JU. ŠMIDT und andere. B. M. GESSEN z. B. bemerkte, daß „im Bereich der Physik die Ansichten der Relativitätstheorie über Raum und Zeit im Grunde mit den Anschauungen des dialektischen Materialismus über das Verhältnis von Raum, Zeit und Materie zusammenfallen."[62]) Das brachte auch S. I. VAVILOV zum Ausdruck: „In der Lehre Einsteins ist die Raum-Zeit eine unteilbare Eigenschaft der Materie selbst; sie hängt von der Materie ab, verändert sich mit der Materie und existiert nicht ohne Materie. Wir kennen keinen Raum ohne Materie, ohne materielle Kraftfelder. Solcherart ist der Grundgedanke der allgemeinen Theorie Einsteins, der auch konkrete physikalische Formen erhielt.“[63]) Auf den dialektischen Charakter der neuen raum-zeitlichen Vorstellungen verwies mehrfach auch O. Ju. Šmidt, der aktiv an den Diskussionen zu philosophischen Problemen der naturwissenschaftlichen Erkenntnis teilnahm. Auf der Zweiten Allunionskonferenz der marxistisch-leninistischen Einrichtungen bemerkte O. Ju. Šmidt, das Problem des Wechselverhältnisses von Dialektik und Relativitätstheorie berührend, daß „Elemente der Dialektik in der Relativitätstheorie klarer hervortreten als es in irgendeiner anderen neuen Theorie der Fall ist. Sie ist insgesamt dialektisch.“[64])

So verhalfen die Ausgangsprinzipien der materialistischen Dialektik, wie die marxistischen Philosophen nachwiesen, zu einer richtigen Einstellung gegenüber den weltanschaulichen, erkenntnistheoretischen und methodologischen Aspekten der neuen Theorie des Raumes, der Zeit und der Gravitation. Die Relativitätstheorie gibt keineswegs die materialistische Anschauung über den Raum, die Zeit und die sich bewegende Materie auf. Sie geht — wie auch die klassische Mechanik — von deren objektiven Existenz aus. Aber der Standpunkt der Relativitätstheorie ist gegenüber dem Standpunkt der klassischen Mechanik dialektischer, da für die klassische Mechanik Raum und Zeit absolut unabhängige Realitäten sind, sie aber von der Position der neuen Theorie aus miteinander verbunden sind. Die klassische Mechanik ging davon aus, daß Raum und Zeit die Bühne sind, während die handelnde Person — die sich bewegende Materie — keine Verbindung mit dieser Bühne hat. Folglich stellt die neue Theorie des Raumes, der Zeit und der Gravitation zwischen Erscheinungen der Natur, die früher als unveränderlich und nicht voneinander abhängig angesehen wurden, eine wechselseitige Abhängigkeit fest. Das wird heute allgemein anerkannt. Das Verdienst der genannten Wissenschaftler besteht darin, daß sie begannen, den dialektisch-materialistischen Gehalt der neuen Theorie zu erschließen. Die marxistisch-leninistischen Philosophen müssen heute dessen eingedenk sein, daß ein solcher Anfang immer schwer ist und daß diese Arbeit unter erschwerten Bedingungen begonnen wurde.

Die sich am Anfang der 30er Jahre entfaltende Kritik an den philosophischen Unzulänglichkeiten der DEBORINschen Schule betraf auch deren Behandlung der philosophischen Probleme der Relativitätstheorie. Die Polemik mit den Mechanisten, aber auch die Logik der Entwicklung der Wissenschaft hatten DEBORIN und seine Schüler gezwungen, sich mit methodologischen und erkenntnistheoretischen Fragen der physikalischen Erkenntnis zu beschäftigen.

Die inhaltsreiche Arbeit B. M. GESSENS über „Die Grundgedanken der Relativitätstheorie" wurde einer besonders ausführlichen Kritik unterzogen. GESSEN selbst gab einen Anlaß für die Kritik, indem er mehrfach in dieser Arbeit den Terminus „Synthese" als Ausdruck jenes neuen Wechselverhältnisses gebrauchte, das die Relativitätstheorie zwischen Raum und Zeit feststellt. Terminologisch außerordentlich unglücklich war die Behauptung GESSENS, daß in der Relativitätstheorie „Raum und Zeit zu einer einheitlichen Synthese in der Materie verschmolzen sind."[65]) Den objektiven Charakter der raum-zeitlichen Charakteristik der sich bewegenden Materie nachweisend, gebrauchte B. M. GESSEN auch an anderer Stelle den ungeeigneten Terminus „Synthese", der dem HEGELschen Wortschatz entlehnt ist: „*Die Synthese von Raum und Zeit gibt uns die Möglichkeit, den relativen Charakter unserer Messungen aufzuheben und zu Resultaten zu gelangen, die von keinem Bezugssystem abhängen.*"[66]) Die Ungenauigkeit einzelner Formulierungen führte dazu, daß später die ganze Arbeit von einigen Philosophen prinzipiell verworfen wurde.

Unzutreffend war auch die Kritik der Positionen der Mechanisten und der von ihnen angenommenen philosophischen Folgerungen aus der Relativitätstheorie durch einige Wissenschaftler gegen Ende der 30er Jahre. So wurde von P. BELINSKIJ behauptet, daß „die Ansichten der Mechanisten über Raum und Zeit wie auch alle ihre anderen philosophischen Ansichten eine reaktionäre Rolle spielten“; daß unter den Bedingungen des Aufbaus des Sozialismus „der Mechanizismus als Ideologie Diener der Konterrevolution ist.“[67])

Es bedarf keines Beweises, daß eine solche „Kritik“ der Lösung echter erkenntnistheoretischer Probleme der Physik nicht förderlich war. Sie behinderte vielmehr die Suche nach den richtigen Lösungen.

In den Arbeiten anderer marxistischer Philosophen der betrachteten Periode finden sich dagegen tiefe und originelle Fragestellungen sowie Lösungen einer Reihe prinzipieller philosophischer Probleme der Relativitätstheorie. So wurden z. B. in der genannten Arbeit B. M. Gessens philosophische Aspekte der speziellen und allgemeinen Relativitätstheorie betrachtet; die Identifikation des physikalischen und des philosophischen Relativismus wurde begründet zurückgewiesen und der philosophische Sinn des vierdimensionalen Raum-Zeit-Kontinuums in der Relativitätstheorie geklärt.

In den Arbeiten B. M. Gessens nahmen die Probleme der Einheit der physikalischen Erkenntnis, insbesondere von klassischer Mechanik und neuer relativistischer Mechanik Einsteins, einen bedeutenden Platz ein. Gessen bewies z. B., daß „der Konzeption des Raumes und der Zeit von Newton und damit der klassischen Physik Grenzen gesetzt sind, in denen sie genügen. Aber für die Untersuchung interatomarer Prozesse werden sie unzureichend, und müssen durch neue ersetzt werden. Die Relativitätstheorie macht den ersten radikalen Schritt zur Einführung einer neuen Raum-Zeit-Konzeption. Wie die weitere Entwicklung der Physik auch vor sich gehen mag, die Einsteinsche Kritik an der klassischen Mechanik, seine Ansichten über die Relativität der Gleichzeitigkeit und seine Konzeption der Zeit haben bleibenden Wert.“[68])

Bereits zu Beginn der 20er Jahre nahmen marxistische Philosophen in Diskussionen, die den philosophischen Aspekten der neuen Konzeption des Raumes und der Zeit gewidmet waren, methodologisch richtige Positionen ein. Z. B. bemerkte A. A. GOLCMAN, entgegen idealistischen Interpretationen der Relativitätstheorie (E. CASSIRER, A. V. VASILEV u. a.) und deren völlige Ablehnung (z. B. durch A. K. TIMIRJAZEV), daß „das idealistische Durcheinander der Begriffe über den Raum durch die Relativitätstheorie Einsteins aus der Welt geschaffen wird. Sie verwirft die ‚kritische' Annahme über die ‚Transzendentalität' des Raumes und die ‚reine Anschauung' der Mathematik. Gleichzeitig gibt sie auch das Sein eines metaphysischen absoluten, nur sich selbst gleichenden Raumes auf. Statt dessen entwickelt sie die Auffassung vom Raum als physikalischen, dialektischen Bewegungsgesetzen gehorchende Eigenschaft der Körper."[69])

Deshalb kann man folgender Beurteilung der Situation zustimmen: „Die Mechanisten sind der Ansicht, daß unsere Vorstellungen über die Zeit und den Raum unverändert bleiben müssen. In der Frage über Zeit und Raum gleiten sie damit zu den metaphysischen Vorstellungen Descartes oder zu den mechanistischen Vorstellungen der Faradayschen Schule ab. Wenn A. K. TIMIRJAZEV den Äther als eine Form des Materiellen mit dem Raum verwechselt, d. h., mit der objektiv-realen Form des Seins, so verbleibt er auf den Positionen des metaphysischen Materialismus, der Bewegung und Entwicklung ablehnt. Der dialektische Materialismus kämpft zugleich auch gegen den menschewistischen Idealismus, der die ‚Materie als Synthese von Raum und Zeit' betrachtet und damit die objektive Realität der Materie auf Formen ihres Seins zurückführt, im wesentlichen damit auf dem Hegelschen Standpunkt verharrt."[70])

Hier werden zwei Momente richtig erfaßt, die für das Verständnis der erkenntnistheoretisch-methodologischen Analyse der weltanschaulich bedeutsamsten physikalischen Theorien von marxistischen Philosophen zu beachten sind. Erstens erkannte die Mehrzahl der marxistischen Philosophen bald den Trugschluß, neue naturwissenschaftliche Theorien wegen einzelner aus ihnen gewonnener fehlerhafter philosophischer Verallgemeinerungen gänzlich zu verwerfen. Zweitens waren die meisten marxistischen Philosophen und Naturforscher bemüht, sich von idealistischen Interpretationen dieser Theorien durch einige Physiker und mehr noch durch idealistische Philosophen zu distanzieren. Dabei kam es auch zu Fehleinschätzungen, insbesondere wegen der Schwierigkeit, den physikalischen und philosophischen Gehalt einiger Arbeiten im Bereich der physikalisch-mathematischen Wissenschaft zu unterscheiden.

Die angeführte Einschätzung macht als Bilanz der Diskussionen die Haltlosigkeit von Behauptungen einiger bürgerlicher Autoren deutlich, nach denen die Resultate der neuen Physik und der Prinzipien des dialektischen Materialismus unvereinbar sind und die Anhänger der marxistischen Philosophie deshalb konsequenterweise die Relativitätstheorie und die Quantenmechanik abgelehnt hätten.

Betrachtet man die Beziehungen des dialektischen Materialismus zu den Theorien der neuen Physik, müssen zwei wesentliche Faktoren angemerkt werden. Erstens zählte W. I. LENIN A. EINSTEIN zu den großen Neuerern in der Naturwissenschaft.[71]) Das beinhaltete natürlich eine positive Bewertung der Relativitätstheorie, die EINSTEIN in eine Reihe mit anderen großen Naturforschern stellte. Ein solches Verhältnis W. I. LENINS zum Schaffen hervorragender Naturwissenschaftler entspringt dem Wesen der marxistisch-leninistischen Erkenntnistheorie, die, ausgehend von den Ergebnissen der Wissenschaft, die neuen Theorien philosophisch analysiert. Im sich zuspitzenden philosophischen Kampf um die neuesten Ergebnisse der physikalischen Wissenschaft spielte die Einschätzung der Relativitätstheorie durch W. I. LENIN eine ganz wesentliche Rolle. V. V. BYSTRJANSKIJ schrieb, W. I. LENIN zitierend: „Es ist Sache der Wissenschaft, in der Lehre Einsteins die Spreu vom Weizen zu trennen; — die wissenschaftliche Wahrheit, die nicht im Widerspruch zum Materialismus stehen kann, da der Materialismus Voraussetzung jeder echten Wissenschaft und damit auch der Folgerungen aus allen ihren Ergebnissen ist, von idealistischen Absonderlichkeiten, die nicht mit dem gesunden Kern der Lehre zusammenhängen, zu trennen."[72]) In der weiteren Diskussion der Relativitätstheorie wurde die LENINsche Einschätzung des neuen Verständnisses des Zusammenhangs von Raum, Zeit und Materie von S. JU. SEMKOVSKIJ, B. M. GESSEN, S. I. VAVILOV und von anderen Philosophen und Naturwissenschaftlern genutzt.

In diesem Zusammenhang muß erwähnt werden, daß W. I. LENIN in einer Fußnote in „Materialismus und Empiriokritizismus" Anmerkungen über die Arbeit des deutschen Gelehrten E. BECHER „Philosophische Voraussetzungen der exakten Naturwissenschaften" machte, die er „nach Abschluß dieses Buches" kennenlernte und die „das in diesem Abschnitt Ausgeführte" bestätigt (§ 5, Kapitel V); daß „die Theorie, die auf der Elektronenlehre beruht ... ein Schritt vorwärts in der Erkenntnis der Einheit der Welt" ist.[73]) W. I. LENIN bezweifelte nicht die Bedeutung der physikalisch wichtigen Elektronenlehre und unterstrich vor allem die erkenntnistheoretische Bedeutung der neuen Vorstellungen.

So führt das einheitliche Herangehen an den gesamten Komplex von Problemen, die Bezug auf die LENINsche Analyse des Zustandes der Physik und der Erkenntnistheorie in der Anfangsperiode revolutionärer Veränderungen der Grundlagen der naturwissenschaftlichen Erkenntnis hat, zu dem Schluß, daß W. I. LENIN als erster Marxist die neue Etappe der Entwicklung in der Erkenntnis von wirklich dialektisch-materialistischem Standpunkt aus behandelte. Die Gedanken W. I. LENINS über die Rolle der wissenschaftlichen dialektisch-materialistischen Philosophie bei der Entwicklung und Überprüfung der Grundlagen der naturwissenschaftlichen Erkenntnis wurden von der 1925 erstmalig in der UdSSR herausgegebenen Arbeit F. ENGELS „Dialektik der Natur" unterstützt. Dieses Werk von F. ENGELS wurde publiziert, als heftige philosophische Diskussionen im Lande vor sich gingen.

Das Buch geriet damit zugleich ins Zentrum des philosophischen Kampfes des Materialismus gegen den Idealismus, der Dialektik gegen die Metaphysik und den Mechanizismus.

In den Diskussionen mit den Mechanisten bewiesen die marxistischen Philosophen, daß man die Prinzipien und Thesen des dialektischen Materialismus, die F. ENGELS in der „Dialektik der Natur“ entwickelte, nicht starr mit einer historisch begrenzten Lehre vom Aufbau und den Eigenschaften der Dinge verbinden kann. So hat F. ENGELS z. B. niemals eine konkrete physikalische Theorie über die Struktur der Materie aufgestellt. Dies ist nicht Gegenstand der philosophischen Forschung. Wenn er dieses Problem berühren mußte, trat er als Dialektiker gegen eine Verabsolutierung der alten Atomistik auf, die von den Vorstellungen über die Unveränderbarkeit und Unteilbarkeit des Atoms ausging. Die Vertreter der mechanistischen Richtungen konnten nicht leugnen, daß „durch das ganze Buch von ENGELS wie ein roter Faden der Kampf gegen eine ‚mechanistische‘ Naturwissenschaft läuft, gegen Theorien, die davon ausgehen, die qualitative Vielfalt der Natur mit einer relativ kleinen Zahl von Postulaten der Mechanik erschöpfend behandeln zu können“, und daß ENGELS die mechanistische Anschauung über die Natur scharf kritisierte, wenn sie als universelle Methode auftrat.[74]) Trotzdem versuchten A. K. TIMIRJAZEV, I. E. ORLOV, Z. A. CEJTLIN und andere zu belegen, daß „ungeachtet des Kampfes mit der ‚mechanistischen‘ Naturwissenschaft ENGELS überall die faktisch durchgeführte oder nur erhoffte Reduzierung der Gesetze der Natur auf die mechanischen Gesetze als ganz wichtige und progressive Erscheinung in der Wissenschaft begrüßte.‘“ [75]) Diese These wurde von A. K. TIMIRJAZEV bereits 1925 aufgestellt.[76]) ORLOV machte sogar den Versuch, den Inhalt der mechanistischen Anschauung zu erweitern, indem er erklärte, daß „die mechanistische Anschauung vorwärts führt, die ganze Axiomatik zerstört, die bestrebt ist, alle Erscheinungen der Natur aus einer begrenzten Zahl von Prinzipien abzuleiten. Sie eröffnet vielmehr dem, was bekannt erscheint, neue Horizonte. Dabei geht die mechanistische Anschauung vom Verständnis der Unerschöpflichkeit, Unendlichkeit jeder Erscheinung in der Natur aus."[77])

Es geht hier nicht um eine systematische Analyse aller Aspekte der Diskussion um die „Dialektik der Natur" von ENGELS. Zu erwähnen ist aber noch, daß die Mehrzahl der marxistischen Philosophen die Bedeutung dieser Arbeit richtig bewertete. S. JU. SEMKOVSKIJ betrachtete speziell das Prinzip der Relativität aus der Sicht der „Dialektik der Natur". „Es ist überflüssig zu sagen", schrieb er, „daß Engels nicht die Lehre Einsteins analysieren konnte; ja selbst die Revolution in der Naturwissenschaft an der Wende des XIX. zum XX. Jahrhundert ... begann erst nach dem Tode von Engels. Um so erstaunlicher ist es, daß Engels *methodologisch,* in den Entwürfen und Fragmenten seiner ‚Naturdialektik' die Grundlinien der dialektisch-materialistischen Philosophie der Naturwissenschaften skizzierend, dicht an jene Ausgangspunkte herankam, aus denen sich im weiteren das Prinzip der Relativität entwickelte."[78]) Dazu zieht S. JU. SEMKOVSKIJ auch den „Anti-Dühring" und „Ludwig Feuerbach und der Ausgang der klassischen deutschen Philosophie" von ENGELS sowie Arbeiten der Physiker M. PLANCK, J. FRENKEL u. a. mit heran. S. JU. SEMKOVSKIJ fragt: „Aber vielleicht trägt ... das Engelssche Verständnis des Raumes und der Zeit als ‚Existenzformen der Materie', die ohne ‚die Materie nichts' sind, nur den Charakter von irgendetwas ‚Zufälligem'?"[79]) Nicht im geringsten. „Einem solchen Verständnis des Raumes und der Zeit entspricht bei Engels die entschiedenste *Kritik der Newtonschen Auffassungen.*"[80])

Die „Dialektik der Natur" von ENGELS wurde in ihrer Bedeutung also sofort erkannt und spielte insbesondere für methodologische Untersuchungen und bei der dialektisch-materialistischen Analyse naturwissenschaftlicher Erkenntnis eine große Rolle. Es wurde gezeigt, daß nicht diese oder jene Fakten und Beispiele von bleibendem Wert sind, auf die sich die Begründer des Marxismus in ihren Arbeiten beziehen, sondern der methodologische Rahmen, der dem dialektischen Verständnis der objektiven Realität entspringt.

Das zunehmende Interesse der Naturforscher und Philosophen an weltanschaulichen, erkenntnistheoretischen und methodologischen Aspekten der naturwissenschaftlichen Erkenntnis führte dazu, daß bald auch andere Arbeiten der Begründer des Marxismus in die Untersuchungen mit einbezogen wurden. Insbesondere wurde das Herangehen W. I. Lenins an die philosophischen Probleme der neuesten theoretischen Physik studiert. W. I. Lenin hatte festgestellt: „Selbstverständlich sind wir bei der Untersuchung der Frage nach dem Zusammenhang einer bestimmten Schule der neuesten Physiker mit der Wiedergeburt des philosophischen Idealismus weit entfernt von dem Gedanken, die Speziallehren der Physik zu erörtern. Uns interessieren lediglich die erkenntnistheoretischen Schlußfolgerungen aus einigen ganz bestimmten Sätzen und allgemein bekannten Entdeckungen.“[81])

W. I. Lenin konnte die Grundprinzipien des „physikalischen“ Idealismus nur deshalb enthüllen, das Wesen der Krise der methodologischen und erkenntnistheoretischen Grundlagen der physikalischen Erkenntnis nur deshalb aufdecken und Auswege daraus zeigen, weil die von ihm formulierten Thesen und Schlußfolgerungen nicht als Resultat der Untersuchung der „Physik insgesamt“ oder des „Idealismus insgesamt“ erhalten wurden, sondern das Resultat einer aufwendigen Erforschung einzelner physikalischer Theorien und Fakten der „neuen Physik“, aber auch des „Machismus“, des „Empiriokritizismus“, des „Konventionalismus“ usw. waren. W. I. Lenin analysierte diese philosophischen Systeme nach der Spezifik ihres Inhaltes, ihrer Bestandteile und der Entwicklungstendenzen. Die Berücksichtigung der sozialen Situation, in der die neuen physikalischen Theorien formuliert wurden und sich die grundlegenden Änderungen der bis dahin etablierten Vorstellungen vollzogen, gestattete ihm, auch die Klassenwurzeln des „physikalischen" Idealismus bloßzulegen. W. I. LENIN betrachtete die soziale und erkenntnistheoretische Determiniertheit der Forschung in ihrer Einheit, ohne die verschiedenen Aspekte, die den Erkenntnisgewinn fördern, auseinanderzureißen.

S. JU. SEMKOVSKIJ bemerkte, daß „Lenin im Bereich des Materialismus auf höherem Niveau die von uns erlebte neue revolutionäre Epoche in der Naturwissenschaft reflektierte. Es genügt, wenigstens auf die Elektronentheorie zu verweisen, die unsere Vorstellungen über den Aufbau der Materie total revidiert. Die Bearbeitung komplizierter Probleme, die noch in unseren Tagen von der Revolution in der Physik aufgeworfen werden, bildet zusammen mit der revolutionären Vertiefung der Dialektik jenes Neue, das W. I. Lenin in den dialektischen Materialismus eingebracht hat. ... W. I. Lenin erneuerte schöpferisch jene Verbindung mit den Naturwissenschaften und entwickelte sie weiter, die so charakteristisch für diese Philosophie war...".[82]) Dieses Herangehen ermöglichte es W. I. LENIN, die Tendenzen der Entwicklung der wissenschaftlichen Erkenntnis zu zeigen, den Platz und die Rolle der dialektisch-materialistischen Philosophie im Erkenntnisprozeß anzugeben. Das gab ihm die Möglichkeit, mit aller Schärfe die Frage nach der Notwendigkeit einer konsequent-materialistischen Interpretation der Ergebnisse der Physik zu stellen. Deshalb stellte M. V. POPOVIČ richtig fest, daß „der einzige Materialist am Anfang des XX. Jahrhunderts, der die erkenntnistheoretischen Wurzeln des in dieser Zeit aufkommenden Machismus in der ‚Mathematisierung der Physik' sah, W. I. Lenin war."[83])

Es ist bemerkenswert, daß die Mehrzahl der methodologischen Prognosen W. I. Lenins über die Entwicklung der Physik, wie beispielsweise die These von der Unerschöpflichkeit des Elektrons, über die Unvermeidlichkeit des Ersatzes der alten Vorstellungen von Raum und Zeit durch neue, die ihre Bestätigung in der Wissenschaft des XX. Jahrhunderts erhielten, in jener Zeit getroffen wurden, als für viele Physiker, um mit AUGUSTO RIGHI zu sprechen, ein Geheimnis blieb, „was eigentlich die Elektronen sind,[84]) als die Grundthesen der speziellen Relativitätstheorie noch nicht einmal allen Spezialisten bekannt waren.

In den 20er und 30er Jahren des XX. Jahrhunderts wurde die materialistische Interpretation der Relativitätstheorie und der Quantenmechanik durch verschiedene subjektive und objektive Fakten erschwert. Außerdem waren viele bedeutende Physiker, die an der Schaffung der Relativitätstheorie und Quantenmechanik teilgenommen hatten, mehr (P. JORDAN, A. EDDINGTON, J. JEANS, A. COMPTON und andere) oder weniger (A. EINSTEIN, M. PLANCK, N. BOHR, W. HEISENBERG, E. SCHRÖDINGER, M. DIRAC, M. BORN und andere) dem Einfluß verschiedenster idealistischer philosophischer Systeme ausgesetzt. Das zeigte sich sowohl in der von ihnen benutzten Terminologie bei der Formulierung erkenntnistheoretischer Thesen und ihrer Konzeption bei der Behandlung philosophischer Probleme der Physik.

Unter den verschiedenen idealistischen philosophischen Richtungen erlangte im hier betrachteten Zeitraum der Positivismus in Form des Machismus den größten Einfluß auf die Naturforscher. Dem Wissenschaftshistoriker G. HOLTON ist völlig zuzustimmen, wenn er feststellt, daß gegen Ende des XIX. zu Beginn des XX. Jahrhunderts ERNST MACH einen gewaltigen Einfluß ausübte. Seine philosophischen Ideen gehörten derart fest zum Allgemeingut wissenschaftlichen Denkens von 1890—1910, daß EINSTEIN viel später völlig berechtigt erklärte, daß sogar die Gegner MACHS nicht ahnten, wie weit sie selbst von seinen Ideen gefangen waren, „sie mit der Muttermilch eingesogen hatten“.[85]) Nur sehr scharfsinnige theoretische Physiker nahmen wahr, daß die Kritik E. MACHS nicht vorrangig gegen die Verabsolutierung der Kategorien der

Bewegung, des Raumes und der Zeit durch NEWTON gerichtet war, sondern vielmehr gegen die richtigen Vorstellungen von der Objektivität des Raumes, der Zeit und der Bewegung.

Zu diesen wenigen gehörte auch der Begründer der Quantentheorie M. PLANCK. Er unterzog die erkenntnistheoretischen Einstellungen des Machismus einer scharfen Kritik: „Danach gibt es keine andere Realität als die eigenen Empfindungen und alle Naturwissenschaft ist in letzter Linie nur eine ökonomische Anpassung unserer Gedanken an unsere Empfindungen, zu der wir durch den Kampf ums Dasein getrieben werden. Die Grenze zwischem Physischem und Psychischem ist lediglich eine praktische und konventionelle, die eigentlichen und einzigen Elemente der Welt sind die Empfindungen.“[86])

Diese Auffassung zeigt überzeugend, daß die bedeutendsten Physiker, die über die erkenntnistheoretische Grundlage ihrer Wissenschaft nachdachten, die Gefahr erkannten, die mit der Verbreitung des Machismus verbunden war. Die Physiker verteidigten vor allem die objektive Wahrheit wissenschaftlicher Theorien, die in der Adäquatheit der Widerspiegelung von außerhalb und unabhängig von unserem Bewußtsein existierenden gesetzmäßigen Zusammenhängen begründet ist.

Jedoch interessierte die Mehrheit der Physiker, besonders der jungen, die die philosophischen Ideen E. MACHS „mit der Muttermilch“ in sich aufgenommen hatten, durchaus nicht die subjektiv-idealistische Basis dieser Ideen. Sie hatten die Hoffnung, mit dieser Philosophie die Kritik der Prinzipien der klassischen Mechanik zu begründen. Der Fakt, daß die Anhänger des Wiener Philosophen „eine Revision der grundlegenden Prinzipien aller modernen Theorien, im einzelnen des Inhalts und der Begründung der Newtonschen Gesetze der Bewegung, des Kraftbegriffes, aber auch der absoluten und relativen Bewegung forderten“[87]) war entscheidend für die Aufnahme der philosophischen Auffassungen MACHS durch die kritisch veranlagten Physiker.

Der Einfluß des Positivismus erklärt sich folglich teilweise auch daraus, daß er als philosophisches System einige Tendenzen reflektierte, die der wissenschaftlichen Erkenntnis tatsächlich eigen waren, während andere damals verbreitete idealistische philosophische Richtungen aprioristischen und häufig irrationalistischen Charakter hatten und wissenschaftsfeindlich auftraten. Da der Positivismus sich auf Fakten berief, wurde er von einigen Wissenschaftlern zur einzig wissenschaftlichen Philosophie erklärt, die fähig sei, die philosophischen Probleme der Wissenschaft des XX. Jahrhunderts zu lösen. Man behauptete, daß dieses philosophische System die jahrhundertealten Probleme der Metaphysik als Pseudoprobleme überwindet und sich ausschließlich der Wissenschaft zuwendet. Die Philosophie des dialektischen Materialismus war damals der Mehrzahl der Wissenschaftler nicht bekannt.

Die Notwendigkeit, in einer solchen Situation erkenntnistheoretische Probleme lösen zu müssen, führte zur Schaffung spezieller idealistischer philosophischer Schulen.

Es lebten alte idealistische Richtungen auf der Grundlage der idealistischen Deutung der Relativitätstheorie Einsteins wieder auf (z. B. der Relativismus). All das wurde natürlich von den idealistischen Philosophen für den Kampf mit dem wissenschaftlichen Materialismus genutzt. Die Naturforscher, die später professionelle Philosophen wurden (Ph. Frank, H. Reichenbach und andere), versuchten, die Unvereinbarkeit von Materialismus und neuer Physik nachzuweisen. So stellte Frank 1929 fest: Es gibt überhaupt keinen Zweifel, daß der Ausgangspunkt der Schulphilosophie (der materialistischen Philosophie — K. D.) große Schwierigkeiten für die Annahme und das Verständnis der physikalischen Theorien bereitet.[88]) Ph. Frank und die Anhänger solcher Positionen stellten die Materialisten auf diesem Wege vor die Alternative-Anerkennung der Existenz der äußeren Welt oder Anerkennung der Ergebnisse der Relativitätstheorie und der Quantenmechanik? Auf eine derartige Konfusion gingen einzelne Materialisten aus dem Lager des Mechanizismus ein. Der Grundfehler jener Physiker und Philosophen, die die philosophische und physikalische Bedeutung der Relativitätstheorie und der Quantenmechanik negierten, um den Materialismus zu „retten", bestand darin, daß sie von dieser, von den Positivisten konstruierten Alternative ausgingen. Das Unverständnis des nichtklassischen Charakters der Relativitätstheorie, die Identifizierung des physikalischen Inhaltes der Theorie EINSTEINS mit ihrer idealistischen Interpretation, erzeugte Verwirrung, führte dazu, die Relativitätstheorie und auch andere Zweige der Physik zu verwerfen.

Die Logik der „Argumentation" von Gegnern der Relativitätstheorie war nach dem Prinzip aufgebaut, daß nicht sein kann, was nicht sein darf. So schrieb z. B. I. E. ORLOV: „Die Grundvoraussetzung Einsteins — die Invarianz (Konstanz) der Lichtgeschwindigkeit in allen Inertialsystemen — ... widerspricht dem Geist der klassischen Physik." Eine solche Meinung konnte seiner Ansicht nach nur als einfache mathematische Annahme, aber in keiner Weise als reales Gesetz der Ausbreitung des Lichtes angenommen werden.[89]) Die Ablehnung der Ausgangspostulate der Relativitätstheorie führte I. E. ORLOV zur Anerkennung des absoluten Raumes und der absoluten Zeit: „Der absolute Raum existiert zweifellos wie jene ‚Leere', in die alle Körper eintauchen."[90])

Die Ursachen für eine Ablehnung der Theorie EINSTEINS sind bei verschiedenen Autoren unterschiedlich. Sie reichen von der Identifikation der Theorie mit ihren idealistischen Deutungen (V. I. NEVSKIJ) über die Gegenüberstellung des mathematischen Apparates und seiner physikalischen Interpretation (I. E. ORLOV); die Ignoranz der experimentellen Ergebnisse, die der Theorie zugrunde liegen (N. P. KASTERIN und andere); die Vermengung von physikalischen und philosophischen Aspekten der Theorie (A. K. TIMIRJAZEV, N. P. KASTERIN, V. F. MITKEVIČ); die Versuche, spezielle und allgemeine Relativitätstheorie entgegenzusetzen und allein die allgemeine Relativitätstheorie anzuerkennen (Z. A. CEJTLIN)[91]); bis zur Kritik der Relativitätstheorie wegen ihrer metaphysischen und idealistischen Grundlage (A. A. MAKSIMOV) usw.

Alle diese Autoren lösten die Frage nach der inneren Logik der Notwendigkeit und der objektiven Wahrheit der Relativitätstheorie metaphysisch. Sie stellten die Theorie dem Experiment gegenüber, die Mathematik der Physik, die klassische Physik der relativistischen, die Physik EINSTEINS der Philosophie EINSTEINS usw. In diesen antidialektischen Gegenüberstellungen ist die Grundlage der genannten Fehleinschätzungen zu sehen.

Die Philosophen S. JU. SEMKOVSKIJ, B. M. GESSEN, S. F. VASILEV, E. KOLMAN, die wirklich auf den Positionen des dialektischen Materialismus standen, gingen an die grundlegenden Probleme physikalischen und philosophischen Charakters der Relativitätstheorie unter Berücksichtigung der Besonderheiten des gesellschaftlichen Erkenntnisprozesses heran, wobei sie die physikalischen und philosophischen Aspekte der Theorie nicht miteinander identifizierten, die Physik NEWTONS nicht verabsolutierten, sie als Stufe in der Erkenntnis der Realität betrachteten. Alle nahmen sie an, daß es notwendig ist, den physikalischen Inhalt der Relativitätstheorie von deren erkenntnistheoretischen Grundlagen zu unterscheiden.

Im Ausland verbanden viele Physiker, die dem Einfluß der idealistischen Philosophie erlegen waren, die physikalische Theorie mit verschiedenen idealistischen Systemen. Dem lagen Überschätzungen der Rolle des „Beobachters“ in der Relativitätstheorie, der Rolle der Beobachtbarkeit in der Quantenmechanik und eine Übertragung des BOHRschen Komplementaritätsprinzips auf gesellschaftliche, psychische und andere Erscheinungen zugrunde.

Das wurde von sowjetischen Philosophen und Physikern bemerkt. Im Zusammenhang mit der Quantenmechanik erklärte D. I. BLOCHINZEV: „Das richtige Verständnis der Quantenmechanik wird durch den Umstand erschwert, daß noch bevor dieser Theorie die endgültige Form gegeben wurde, auf sie solche ‚tiefsinnigen‘ Meisterwerke des neuesten Idealismus wie die Willensfreiheit des Teilchens(!), des Indeterminismus usw. angewendet wurden."[92])

In der Tat war der physikalische Inhalt der betrachteten Theorien zutiefst wissenschaftlich. Das äußerte sich in jenen Jahren nicht allein in der praktischen Anwendung, sondern auch darin, daß vom Standpunkt der klassischen Mechanik aus völlig unerklärliche experimentelle Fakten erklärbar wurden. Einige sowjetische Physiker, die in den klassischen Traditionen ausgebildet waren, wollten die Begrenztheit bisheriger Grundprinzipien nicht anerkennen und lehnten die tiefen qualitativen Veränderungen ab, die mit dem Eindringen in das Wesen der Mikrowelt verbunden waren. Ohne hinreichende Argumente für die Verteidigung der alten klassischen Positionen anzugeben, verkündeten sie, daß die neue Physik idealistisch sei und deshalb abgelehnt werden müsse. Einige Philosophen gingen denselben Weg, ohne zu verstehen, daß die Mehrzahl der Naturwissenschaftler nicht gegen die Forderung der Beobachtbarkeit, sondern gegen ihre positivistische Deutung auftrat.

Die mechanistischen Physiker A. K. Timirjazev, N. P. Kasterin, V. F. Mitkevič, Z. A. Cejtlin und der sie verteidigende Philosoph A. A. Maksimov kritisierten die Grundaussagen und philosophischen Verallgemeinerungen der neuesten Physik im wesentlichen von der Position des metaphysischen Materialismus aus. Sie waren dabei aber bestrebt, ihre Ansichten als dialektisch-materialistische auszugeben. Der Sache nach wurde von ihnen die dialektische Entwicklungstheorie der Klassiker abgelehnt. Es ist deshalb nicht verwunderlich, daß sie zu metaphysischen und mechanizistischen Positionen gelangten. Die Ablehnung der Ausgangspostulate und Grundthesen der Relativitätstheorie und der Quantenmechanik machte auch die philosophisch berechtigte Kritik unfruchtbar. Das Herangehen einzelner Philosophen (z. B. A. A. Maksimov) an die Lösung philosophischer Probleme der Physik schloß die positive Lösung der Probleme völlig aus.

Von den Mechanisten wurden lediglich allgemeine Bemerkungen über die Notwendigkeit der materialistischen Lösung der Probleme gemacht, ohne eigene Anstrengungen zu unternehmen.

A. Polikarov hat mögliche Fehleinschätzungen bei der philosophischen Interpretation einzelwissenschaftlicher Konzeptionen wie folgt klassifiziert: „1. Probleme werden unterschätzt; es wird nicht berücksichtigt, daß die Idealisten in der Regel auf echte Schwierigkeiten spekulieren. 2. Es werden nicht alle Folgerungen aus den neuen einzelwissenschaftlichen Resultaten für die Philosophie gezogen. 3. Die Kritik der Konzeptionen, die verurteilt werden, ist nicht ausreichend begründet, um systematisch in sich abgeschlossen, konkret und daher überzeugend zu sein. 4. Das enge isolierte Verständnis der gegebenen Konzeption; dabei wird nicht gesehen, daß es eine Vielzahl möglicher Wege zur Wahrheit gibt. Die Frage nach der Wahrheit pflegt bedeutend komplizierter zu sein als sie auf den ersten Blick erscheint und hängt von konkreten Beziehungen ab. Mit anderen Worten bedeutet das die Unfähigkeit, die Formel von der Konkretheit der Wahrheit anzuwenden. 5. Der Mangel bei den Begründungen und in den Diskussionen. Man darf niemals vergessen, daß wir den Streit nicht um die eine oder die andere Konzeption führen, sondern um der Wahrheit willen. Das verpflichtet, Licht und Schatten in den miteinander rivalisierenden Konzeptionen zu registrieren und eventuell Schwächen in synthetisierender Form zu überwinden. 6. Es wird die Frage nach den Bedingungen der Lösbarkeit von Streitfragen nicht gestellt.“[93])

Damit sind auch die bisher erwähnten Fehleinschätzungen aus den 20er und 30er Jahren erfaßt, die natürlich nicht unabhängig von dieser Zeit und der Spezifik der in diesen Jahren zu lösenden Probleme beurteilt werden dürfen.

In der Literatur zur Physik und zur Philosophiegeschichte wird die betrachtete Periode von verschiedenen Autoren untersucht. Dabei kann man mit einigen Meinungen schwerlich einverstanden sein. Das betrifft vor allem die Einschätzung der philosophischen Ansichten A. K. Timirjazevs durch B. Z. Vinokurov und P. S. Kudrjavcev. Sie gehen davon aus, daß gegen die Ausgangsprinzipien der Relativitätstheorie und die philosophischen Schlußfolgerungen aus dieser Theorie die Mehrzahl der bedeutendsten Physiker des Auslandes von H. Lorentz bis J. Thomson auftrat. Das führt sie zu der Feststellung, daß die Mängel der philosophischen Ansichten Timirjazevs nicht zu übersehen seien, man ihn aber für das Unverständnis der Relativitätstheorie nicht kritisieren könne, weil unter den zahlreichen Gegnern der Relativitätstheorie selbst Physiker waren, die einen wesentlichen Beitrag zur Entwicklung der neuen Physik geleistet haben und es in der Geschichte der Wissenschaft durchaus üblich sei, daß neue Ideen nicht verstanden würden: „Timirjazev stellt in diesem Zusammenhang keine Ausnahme dar.“[94])

B. Z. Vinokurov und P. S. Kudrjavcev ist darin zuzustimmen, daß es viele Gegner der Relativitätstheorie gab, darunter auch bekannte Physiker. Timirjazev stellt in diesem Zusammenhang tatsächlich keine Ausnahme dar. Aber jedes Unverständnis neuer Ideen fordert eine Erklärung. Timirjazev ist nicht wegen dieses Unverständnisses, sondern wegen seiner Argumentation zu kritisieren. „Wenn Gen. Timirjazev gegen Einstein und Planck *als Physiker* ... aufgetreten wäre, wäre niemandem eingefallen, auf seine Beiträge einzugehen. Aber er tritt *als Marxist* auf: seine vulgär-mechanistische Konzeption des Materialismus gibt er als dialektischen Materialismus aus, und im Namen des Marxismus versucht er, sie als verbindliche Richtlinien für die moderne Naturwissenschaft festzusetzen. *Darin liegt eine zweifache Gefahr: Die Vulgarisierung des Marxismus selbst und die Gefahr, ihn zu kompromittieren.*“[95])

Als marxistischer Physiker auftretend, versuchte A. K. Timirjazev, seine unzureichende naturwissenschaftliche Beweisführung mit philosophischen Argumenten zu ergänzen. Die Gefahr, den Marxismus zu kompromittieren, die von S. Ju. Semkovskij gesehen wurde, nutzen heute Gegner der materialistischen Philosophie wie D. Joravsky[96]), S. Müller-Markus[97]), Ph. Frank[98]) u. a., um mit derartigen Fehleinschätzungen die Unvereinbarkeit des Materialismus und des modernen Standes physikalischer Erkenntnis zu behaupten.

Da A. K. Timirjazev und seine Anhänger bei der Begründung ihrer Auffassungen mit philosophischen Thesen operierten, die sie als dialektisch-materialistische ausgaben, muß das Wesen dieser Positionen aufgedeckt werden. B. M. Kedrov ist zuzustimmen, daß „die Position A. K. Timirjazevs im Grunde der Leninschen Position in der Frage der Revolution und der Krise der Physik und der ganzen Naturwissenschaft entgegengerichtet ist."[99]) Unabhängig von subjektiven Absichten unterstützte A. K. Timirjazev nicht die dialektisch-materialistische Analyse der Ergebnisse der neuesten Physik, sondern wirkte aktiv einer wissenschaftlichen Analyse entgegen.

Die Situation wurde noch dadurch kompliziert, daß antiphilosophische Auffassungen in einer Periode verbreitet wurden, in der die wissenschaftliche Philosophie wie nie zuvor notwendig war. Nicht nur der Sieg der sozialistischen Revolution und ihrer Folgen im Bereich der Theorie und Praxis erforderte philosophische Analysen, sondern auch die Umgestaltung der Grundlagen der naturwissenschaftlichen Erkenntnis. Es wurde deutlich, daß Ablehnung der wissenschaftlichen, dialektisch-materialistischen Philosophie unvermeidlich zum platten Empirismus und zur Unterschätzung der theoretischen Erkenntnis führen.

In ihrem Kampf mit den Anhängern der Ideen der Relativitätstheorie und Quantenmechanik waren A. K. Timirjazev, V. F. Mitkevič u. a. bestrebt, die Autorität der bedeutendsten Physiker der Vergangenheit wie Newton, Faraday, Maxwell, Helmholtz, Boltzmann, Smoluchovskij, H. Lorentz und J. Thomson auszunutzen. Jede Abkehr von den Positionen dieser Gelehrten erschien den Mechanizisten als Verzicht auf die Wissenschaft und den Materialismus. So sah A. K. Timirjazev das einzige Mittel, materialistischer Physiker zu sein, darin, „von Anfang bis zum Ende J. J. Thomson zu folgen.“[100]) Natürlich konnten solche Methoden des Kampfes gegen die neuen theoretischen Lehrgebäude weder das Bündnis von Philosophen und Naturwissenschaftlern fördern, noch die Entwicklung der Physik und der Kategorien der materialistischen Dialektik stimulieren.

Der Kampf gegen die Physiker des XX. Jahrhunderts von Positionen der Physik Maxwells, Faradays und der Philosophie des mechanischen Materialismus aus, den A. K. Timirjazev und V. F. Mitkevič hartnäckig führten, hatte nichts mit dem dialektischen Materialismus gemein und konnte die Entwicklung der physikalischen Wissenschaften in keiner Weise unterstützen.

Die Entgegenstellung von Ergebnissen der neuen Physik und der klassischen Mechanik wurde durch metaphysische Mutmaßungen darüber begründet, daß die Grundgesetzmäßigkeiten der Entwicklung der Natur abgeschlossen in den Arbeiten I. Newtons, Faradays, Maxwells und anderer aufgestellt und dargelegt seien. Der Verstoß gegen die Dialektik von absoluter und relativer Wahrheit im Prozeß der Erkenntnis ist die Grundlage der Vorstellungen aller Gegner der relativistischen und quantenmechanischen Ideen.

In diesem Zusammenhang bemerkten B. M. Gessen und V. P. Egoršin in der Rezension zu einem Band der Serie „Dialektik in der Natur“ richtig, daß „man auch bei Helmholtz, Smoluchovskij, Boltzmann und auch bei J. J. Thomson lernen muß und kann. Aber wir werden bei ihnen nicht die Dialektik lernen sondern die Naturwissenschaft. Ein Beispiel dafür, wie man dialektisch das physikalische Material der Naturwissenschaften bearbeiten muß, gaben uns Engels und Lenin.“[101]) Ungeachtet der Ungenauigkeit der Formulierung — „wir werden bei ihnen nicht die Dialektik lernen sondern die Naturwissenschaft“ — führen B. M. Gessen und V. P. Egoršin eine in ihrer Grundlage richtige Idee an — die Gesetze der Natur, die in den Gleichungen der klassischen Physik ausgedrückt sind, stellen eine relative Wahrheit dar.

Leider wird in den Arbeiten vieler sowjetischer theoretischer Physiker in der betrachteten Periode methodologischen Problemen der Wissenschaft wenig Aufmerksamkeit gewidmet, und einige Physiker wiederholten fehlerhafte philosophische Thesen, die von bedeutenden Physikern des Auslands geäußert worden waren. Das geschah gerade, als die bürgerlichen Philosophen diese Aussagen bedeutender Physiker hochspielten und auf ihrer Grundlage weitergehende philosophische Verallgemeinerungen aufbauten. Man muß feststellen, daß manche Idealisten die erkenntnistheoretische Bedeutung der neuen physikalischen Theorien schneller erkannten als die Anhänger der materialistischen Philosophie. Diese bürgerlichen Philosophen sahen eine Möglichkeit, die erkenntnistheoretischen Schwierigkeiten der Physik für den Kampf mit den anderen Strömungen in der Philosophie und in erster Linie für die Widerlegung der Ausgangsprinzipien des Materialismus und die Stärkung der erkenntnistheoretischen Grundlagen „ihrer“ Schule auszunutzen. So erklärt sich die Aufmerksamkeit der bürgerlichen Philosophen für diese physikalischen Theorien aus ihrer philosophisch-erkenntnistheoretischen Bedeutung, die daraus entspringt, daß diese Theorien das Wesen und die Wechselbeziehung solcher fundamentaler Kategorien der Wissenschaft wie Bewegung, Raum, Zeit, Kausalität, Zustand, Wechselbeziehung von Subjekt und Objekt usw. berühren.

Wenn man berücksichtigt, daß in den betrachteten Jahren die Relativitätstheorie und die Quantenphysik zur vordersten Front in der Physik gehörten, kann man die Bedeutung der Arbeit der ersten sowjetischen marxistischen Philosophen verstehen. Außerhalb dieser bestimmten historischen Situation in der Philosophie und der Physik können Einschätzungen philosophischer Diskussionen wie z. B. die zwischen den Mechanisten und der Gruppe Deborins nicht zu richtigen Schlußfolgerungen führen. Ohne Analyse dieser Ursachen und ihres wechselseitigen Zusammenhangs sind beispielsweise solche Fragen schwer zu erklären: warum einzelne Physiker und Philosophen (A. K. Timirjazev, I. I. Skvorcov-Stepanov und andere), obwohl subjektiv bestrebt, die Interessen der marxistischen Philosophie zu verteidigen, objektiv ihre Entwicklung störten und schließlich zu Gedanken gelangten, die denen des Positivismus nahe kamen; warum die bedeutendsten ausländischen Physiker (J. Thomson, H. Lorentz), die so viel für die Entstehung der Relativitätstheorie und Quantenphysik getan hatten, im wesentlichen jene Konsequenzen ablehnten, zu denen auch ihre Arbeiten geführt hatten.

Die Erforschung philosophischer Fragen der neuen fundamentalen physikalischen Resultate, die Auswahl dieser Fragen und die Festlegung der Richtung der Erforschung ist außerordentlich kompliziert. Ungeachtet der vorhandenen Schwierigkeiten gelang es den sowjetischen Philosophen und Physikern, ein methodologisch richtiges Herangehen an die weltanschaulichen, erkenntnistheoretischen und methodologischen Probleme der physikalischen Erkenntnis zu finden. Es wurden eine Reihe konkreter Resultate erzielt.

Im weiteren kommen wir zur Analyse der philosophischen Probleme der speziellen Relativitätstheorie, die zu einer prinzipiellen Auseinandersetzung zwischen Materialismus und Idealismus, Metaphysik und Dialektik, Wissenschaft und Religion führte.

2. Die Relativitätstheorie und der Kampf des philosophischen Materialismus mit dem Idealismus

2.1. Die Spezifik der philosophischen Analyse der Relativitätstheorie in den 20er Jahren

Mit dem XX. Jahrhundert beginnt eine neue Etappe der wissenschaftlichen Erkenntnis, die eng mit der Entwicklung der Quantentheorie und der Relativitätstheorie verbunden ist. Historisch ging die Quantenphysik der Lehre EINSTEINS von Raum, Zeit und Gravitation voraus. Sie begann mit der PLANCKschen Quantenhypothese (1900) bei der Herleitung der Strahlungsformel des absolut schwarzen Körpers. Die Relativitätstheorie nahm mit der Arbeit EINSTEINS „Zur Elektrodynamik bewegter Körper“ (1905) ihren Anfang. Ein volles Verständnis der physikalischen, mathematischen und philosophischen Schlußfolgerungen aus der Theorie EINSTEINS wurde erst später erzielt.[1]) Der physikalische Sinn und die philosophischen Folgerungen aus der Relativitätstheorie wurden früher verstanden als die physikalische und philosophische Bedeutung der Quantentheorie. Die Relativitätstheorie bereitete die Quantenmechanik in gewissem Umfang nicht nur physikalisch sondern vor allem in erkenntnistheoretischer Hinsicht vor. Darauf verwies I. E. TAMM: „Einstein tat für die Schaffung der Quantenphysik vielleicht mehr als einer ihrer unmittelbaren Schöpfer, da die Schaffung der Relativitätstheorie den Weg für die neuen fundamentalen Veränderungen der Physik bahnte.“[2]) Die Hoffnungen führender Naturwissenschaftler am Ende des XIX. und zu Beginn des XX. Jahrhunderts, ein abgeschlossenes mechanisches Weltbild zu schaffen, wurden auch mit dem naturwissenschaftlichen Material der Relativitätstheorie EINSTEINS zerstört. Die damals herrschende Meinung, daß die grundlegenden physikalischen Gesetzmäßigkeiten schon endgültig erkannt seien, schuf Schwierigkeiten bei der Entwicklung der Physik. I. E. TAMM unterstrich zu Recht, daß „die Schaffung der Relativitätstheorie diese hemmende Denkhaltung an ihrer Wurzel zerstörte“. So begünstigte die Relativitätstheorie EINSTEINS das Vordringen der Ideen der Dialektik in der naturwissenschaftlichen Erkenntnis, insbesondere der Dialektik von absoluter und relativer Wahrheit. Das führte zu der Einsicht, daß „jede neue Etappe der Entwicklung der Physik unvermeidlich eine grundlegende Revision, Erneuerung und Verbreitung ihrer fundamentalsten Grundlagen und Begriffe fordert.“[3])

Das Interesse von Physikern und Philosophen an der Relativitätstheorie verstärkte sich besonders mit dem Jahre 1919. Das hing mit der in diesem Jahr erfolgten experimentellen Bestätigung einer Schlußfolgerung aus der allgemeinen Relativitätstheorie zusammen. Das brachte ein plötzliches Anwachsen der Zahl der Arbeiten, die der Theorie EINSTEINS gewidmet waren, mit sich.

Wie J. BERNAL richtig bemerkte, liegt die größte Schwierigkeit einer Entdeckung „nicht so sehr darin, die notwendigen Beobachtungen zu machen, als darin, sich bei ihrer Interpretation von den traditionellen Vorstellungen zu lösen. Seit Kopernikus die Bewegung der Erde und Harvey die Blutzirkulation erkannten, bis zu dem Zeitpunkt, da Einstein den Äther überwand und Planck das Wirkungsquantum postulierte, ging der wirkliche Kampf weniger darum, in die Geheimnisse der Natur einzudringen, als darum, die herrschenden Vorstellungen über den Haufen zu werfen, auch wenn diese zu ihrer Zeit geholfen hatten, die Wissenschaft voranzutreiben. Trotzdem hängt der Fortschritt der Wissenschaft vom Vorhandensein eines kontinuierlich weiter überlieferten Bildes oder Funktionsmodells des Universums ab, das zum Teil beweisbar, zum Teil aber auch, sofern die Beweise nur vermeintlich sind oder überhaupt fehlen, mythisch ist. Es ist jedoch gleichermaßen notwendig, daß diese Tradition, welche sich aus Elementen zusammensetzt, die sowohl der Wissenschaft als auch der Gesellschaft entnommen sind (und die auch immer so zusammengesetzt sein muß) von Zeit zu Zeit und häufig gewaltsam wieder zerschlagen und angesichts der neuen Erfahrungen in der materiellen und gesellschaftlichen Welt neu geformt wird.“[4])

Die Relativitätstheorie demonstrierte die Notwendigkeit der materialistischen Philosophie für die wissenschaftliche Erkenntnis. Sie zeigte, daß in die physikalischen Theorien viele scheinbar intuitiv „klaren“ Begriffe eingehen, die unbedingt der philosophischen Reflexion bedürfen.

Nicht zufällig fand in den 20er Jahren des XX. Jahrhunderts eine Aktivierung der idealistischen Philosophie statt. Es kam zur Bildung einer Vielzahl verschiedener philosophischer Schulen; es setzte eine neue Etappe in der Entwicklung des Neopositivismus ein (Operationalismus u. a.). Diese Tendenzen in der Philosophiegeschichte waren nicht nur mit den sozialen Erschütterungen verbunden, die in der Welt damals vor sich gingen, sondern auch mit jenen grundlegenden qualitativen Veränderungen in der naturwissenschaftlichen Forschung. W. Heisenberg bemerkte: „Die heftige Reaktion auf die jüngste Entwicklung der modernen Physik kann man nur verstehen, wenn man anerkennt, daß hier die Fundamente der Physik und vielleicht der Naturwissenschaft überhaupt in Bewegung geraten waren und daß diese Bewegung ein Gefühl hervorgerufen hat, als würde der Boden, auf dem die Naturwissenschaft steht, uns unter den Füßen weggezogen."[5])

Die Allgemeinheit einer Theorie hängt von der Bedeutung jener Fakten ab, auf die sie sich stützt, die sie erklärt, und davon, welchen begrifflichen Apparat sie benutzt. Die Ausarbeitung des Begriffsapparates fördert die Interpretation der Theorie. Eine physikalische Theorie verlangt einen bestimmten philosophischen Horizont, der die Möglichkeit bietet, das übergreifende einheitliche Ganze dort zu erblicken, wo der Spezialist mit ausschließlich empirischer Veranlagung allein das Einzelne sieht. Solche Theorien, die die Naturwissenschaftler auch gegen ihren Willen zwingen, sich mit philosophischen Problemen ihrer Wissenschaft zu beschäftigen, wirken auf die Philosophie zurück. Wenn Physiker gezwungen werden, sich mit philosophischen Problemen zu beschäftigen, dürfen die Philosophen bei der Lösung erkenntnistheoretischer Probleme der wissenschaftlichen Forschung nicht zurückstehen. Davon profitiert die Wissenschaftsentwicklung insgesamt. Auf diesen Prozeß hat aber der Kampf der philosophischen Richtungen einen großen Einfluß. Kraft ihrer Allgemeinheit lassen neue physikalischen Theorien zunächst verschiedene philosophische Auslegungen zu. Die philosophischen Systeme verabsolutieren in der Regel jenes Moment der Theorie, das ihnen am besten zu entsprechen scheint. So sieht der philosophische Relativismus in der Relativitätstheorie das Relative und nur dieses. Der Operationalismus stützt sich auf den Meßvorgang in der Relativitätstheorie und verabsolutiert ihn. Sogar der Spiritismus versucht, seine irrationalistischen, religiös-mystischen Ansichten mit Hilfe der vierten Dimension der EINSTEINschen Theorie zu begründen.

Solchen philosophischen Interpretationen steht jene Philosophie gegenüber, die die physikalische Theorie als einheitliches, objektive Gesetzmäßigkeiten widerspiegelndes Ganzes nimmt. Das ist der dialektische Materialismus.

Kurz nach der Ausarbeitung einer neuen Theorie kann noch keine erkenntnistheoretische Analyse ihrer Ausgangspostulate vorliegen. Das macht die Erforschung des breiten Möglichkeitsspektrums in der theoretischen Analyse der wichtigsten Grundthesen der neuen Lehre notwendig. Es geht darum, deren grundlegende Entwicklungstendenzen zu enthüllen, und die Möglichkeit der Reduktion ihrer Prämissen zu prüfen. Erst nach einer solchen Analyse beginnt die Arbeit des Philosophen, der neue theoretische Behauptungen mit existierenden vergleicht und versucht, die einzelnen theoretischen Lehrgebäude von einer einheitlichen erkenntnistheoretischen Position zu erfassen.

Die mechanizistische Kritik der idealistischen Auslegungen der Physik zeigte, daß damit die positivistischen (allgemein: idealistischen) Interpretationen der Relativitätstheorie und Quantenphysik nicht wirkungsvoll kritisiert werden können und daß sich die weltanschaulichen, erkenntnistheoretischen und methodologischen Probleme der Physik auf dieser Basis nicht erfolgreich lösen lassen.

Die Möglichkeiten eines philosophischen Systems, seine Beziehungen zu den Erkenntnissen der anderen Wissenschaften treten bei einer qualitativen Änderung der Grundlagen der Theorie, beim Übergang von einem physikalischen Weltbild zu einem anderen, allgemeineren besonders deutlich hervor. Sie zeigen sich also vor allem in Zeiten wissenschaftlicher und sozialer Revolutionen.

Den im weiteren betrachteten philosophischen Diskussionen liegt ein erkenntnistheoretisches Problem zugrunde: die Notwendigkeit zur Veränderung der Kategorien objektive Realität, Raum, Zeit, Kausalität u. a.

Die Präzisierung des Systems wissenschaftlicher Begriffe berührt ganz wesentlich erkenntnistheoretische und logische Probleme. Die Veränderung der genannten Begriffe fordert ein wesentliches Umdenken im kategorialen Apparat jedes philosophischen Systems und ist insofern auch von weltanschaulicher Bedeutung. Bemerkenswert ist die im weiteren aufgezeigte Wechselbeziehung sozialökonomischer, philosophischer, naturwissenschaftlicher, psychologischer und anderer Aspekte des Erkenntnisprozesses. Einerseits gab es die siegreiche sozialistische Revolution, die im Lande die sozialökonomische Struktur der Gesellschaft qualitativ veränderte, andererseits war ein grundlegender Wandel in der Basis des physikalischen Weltverständnisses vollzogen worden. Diese zwei Fakten wiesen auf die Möglichkeit existierender philosophischer „Ismen“ hin, legten ihren Charakter, ihren dialektischen oder metaphysischen Inhalt bloß und zeigten ungelöste Fragen auf, die vor der Erkenntnis und der konkreten gesellschaftlichen Praxis standen.

2.2. Philosophische Fragen der Relativitätstheorie und die Kritik der idealistischen und mechanistischen Interpretationen dieser Theorie

Heute ist allgemein anerkannt, daß die Relativitätstheorie Einsteins neue physikalische Theorien des Raumes, der Zeit und der Gravitation darstellen und die Grenzen für die Begriffe der Newtonschen Physik vom „absoluten Raum“, der „absoluten Zeit“ und der „absoluten Bewegung“ aufzeigen. Mit wissenschaftlicher Strenge zeigten die neuen Theorien, daß die Eigenschaften des Raumes und der Zeit nicht nur eng mit der sich bewegenden Materie verbunden, sondern auch von der Bewegung der Materie abhängig sind.

Die spezielle Relativitätstheorie deckte ausgehend vom Prinzip der Konstanz der Lichtgeschwindigkeit neue Eigenschaften des in der Natur wirkenden Kausalgesetzes auf. Auf der Basis objektiv vorhandener Wechselbeziehungen des Raumes und der Zeit mit der sich bewegenden Materie vereinigte die spezielle und die allgemeine Relativitätstheorie Raum und Zeit in einer einzigen Existenzform der sich bewegenden Materie. Diese Wechselbeziehung hat die Gesetze der Geometrie der vierdimensionalen Raum-Zeit, die Gesetze der Richtung der Zeit zur Folge und bedeutet einen wichtigen Schritt bei der Aufdeckung der Natur der Gravitation.

Eines der grundlegenden Resultate der speziellen Relativitätstheorie besteht im Nachweis der materiellen Natur des Feldes. Ausgehend von der prinzipiellen Haltlosigkeit der Hypothese vom Äther als besonderer Form des Stoffes, unterstrich EINSTEIN die eigenständige Realität des Feldes, zeigte, daß es eine Form der Materie ist, die von qualitativ anderen Gesetzmäßigkeiten bestimmt wird als der Stoff. Die Relativitätstheorie gab die naturwissenschaftliche Bestätigung der engen Wechselbeziehung zwischen Stoff, Feld, Raum, Zeit und Bewegung, d. h. zwischen Materie und Bewegung. Die Entdeckung des gesetzmäßigen Zusammenhanges von Masse und Energie durch EINSTEIN ($E = mc^2$) bestätigte und bereicherte die Feststellung des dialektischen Materialismus über die Einheit von Materie und Bewegung.

Nach der Schaffung der speziellen Relativitätstheorie wurde die Unfruchtbarkeit der Versuche, die Gesetze des elektromagnetischen Feldes auf die Gesetze der klassischen Mechanik zu reduzieren noch deutlicher sichtbar. Dabei verwarf die EINSTEINsche Theorie, in Übereinstimmung mit den Aussagen des wissenschaftlichen Materialismus über das Verhältnis von absoluter und relativer Wahrheit, nicht die NEWTONsche Physik, sondern schloß sie als Grenzfall in sich ein.

Insbesondere stellte die Relativitätstheorie einen bedeutenden Schritt bei der Aufdeckung der objektiven Dialektik der Naturprozesse dar, da innerhalb der theoretischen Naturwissenschaft die Dialektik auch in der gegenseitigen Abhängigkeit der Erscheinungen hervortritt, die die Physik bislang als voneinander unabhängig betrachtet hatte. Somit ist es schwer, die philosophische Bedeutung der speziellen und der allgemeinen Relativitätstheorie für die weitere Entwicklung der Physik zu überschätzen.

Die Relativierung der Begriffe „Raum" und „Zeit" hob erstens den Anflug von Absolutheit (im metaphysischen Sinne des Wortes), die Abgeschlossenheit von den übrigen Kategorien der theoretischen Physik auf. Nach Auftreten der Relativitätstheorie und der Bestätigung ihrer Ideen wurde es leichter, die Begrenztheit des LAPLACEschen Determinismus, die Relativität der Begriffe Zustand, Trajektorie u. a. in der Quantenmechanik nachzuweisen.

Zweitens wurde im Anschluß an die Relativitätstheorie Zweifel an „allbekannten" physikalischen Grundsätzen psychologisch ermöglicht. Die Theorien EINSTEINS zeigten, daß in den Apparat der Physik solche Begriffe eingehen können, die experimentell nicht gerechtfertigt sind.

Das bis heute anhaltende philosophische Interesse an den Grundlagen der Relativitätstheorie wird drittens durch den Umstand erklärt, daß die Relativitätsprinzipien allgemeine wissenschaftliche Prinzipien sind, die fundamentale Eigenschaften des Raumes und der Zeit widerspiegeln.

Viertens zeigte die Entwicklung der Relativitätstheorie (besonders der allgemeinen) die enge Wechselbeziehung von mathematischen und physikalischen Forschungen, was zur Verschärfung der erkenntnistheoretischen Probleme beitrug.

2.3. Der Streit um die philosophischen Voraussetzungen der Relativitätstheorie. Das Problem Mach—Einstein

Das wissenschaftliche Verständnis der Relativitätstheorie und ihrer philosophischen Folgerungen, wurde durch die gesamte vorausgehende Entwicklung der Physik und des philosophischen Denkens vorbereitet. Jetzt, in den 70er Jahren des XX. Jahrhunderts, erscheint natürlich vieles klar und einfach, aber in den 20er bis 30er Jahren war die konkrete Anwendung der allgemeinen philosophischen Thesen der materialistischen Dialektik auf die Relativitätstheorie außerordentlich kompliziert. Die marxistischen Philosophen und die Physiker, die auf konsequent materialistischen Positionen standen, führten einen unermüdlichen Kampf um die Bestätigung des dialektischen Materialismus durch die neuen physikalischen Theorien. Sie zeigten die Haltlosigkeit der subjektiv-idealistischen und religiös-mystizistischen Folgerungen aus ihnen.

Im betrachteten Zeitraum erhielten die philosophischen Ideen E. MACHS ihre größte Verbreitung. Viele Naturforscher, die mit dem wissenschaftlichen Materialismus nicht vertraut waren, gerieten unter den Einfluß des Positivismus in seiner machistischen Form. Der Verbreitung der erkenntnistheoretischen Gedanken MACHS waren verschiedene Umstände förderlich. Erstens die unter den Naturwissenschaftlern damals charakteristische Unkenntnis des dialektischen Materialismus, der ihnen in der Periode revolutionärer Veränderungen in der Physik vor allem auf Grund sozialer Faktoren verborgen blieb. Zweitens sahen einige Naturwissenschaftler im kritischen Herangehen E. MACHS eine Philosophie, die der Naturwissenschaft hilft, anstehende methodologische Probleme zu lösen. Dabei analysierten Wissenschaftler wie EINSTEIN den Machismus nicht systematisch, sie drangen keineswegs tief in das Wesen der MACHschen

Philosophie ein, sondern interpretierten diese nur. Sie versuchten die rationalen kritischen Elemente im Lehrgebäude MACHS zu nutzen. Deshalb äußerte sich EINSTEIN immer anerkennend über MACHS „Mechanik", die auch W. I. LENIN in „Materialismus und Empiriokritizismus" hoch bewertete. Die Mehrzahl der damaligen Naturforscher war jedoch mit W. I. LENINS tiefgründiger Analyse der sozialen und erkenntnistheoretischen Ursachen für das Auftreten und die Verbreitung der philosophischen Ideen MACHS nicht vertraut. Da sich die Naturwissenschaftler nicht selbst mit der Enthüllung des subjektiv-idealistischen Wesens der philosophischen Thesen MACHS beschäftigten, nahmen sie diese als antidogmatische Kritik der Grundlagen der klassischen Naturwissenschaft hin. Deshalb bemerkt V. S. UKOLOV zu Recht: „Wenn es auch paradox erscheint, Einstein hob in der Philosophie Humes und Machs Elemente der Dialektik hervor, wobei er ihnen nicht die Bedeutung jenes philosophischen Kontextes gab, in dem sie stehen."[6]) Elemente der Dialektik und des Materialismus gab es in der Lehre MACHS wirklich, obgleich sie, wie zu zeigen sein wird, nicht das Wesen seiner Philosophie ausmachen.

So forderten die von NEWTON eingeführten Begriffe der absoluten Zeit und des absoluten Raumes MACHS Kritik heraus, weil man diese Begriffe prinzipiell nicht dem Experiment unterwerfen kann. Den empirischen Charakter der raum-zeitlichen Charakteristik unterstreichend, bemerkte MACH richtig, daß die Zeit eine Abstraktion ist, zu der wir mit Hilfe der Veränderung der Dinge gelangen, und daß die Bewegung gleichförmig in bezug auf eine andere sein kann. „Die Frage, ob die Bewegung an sich gleichförmig sei, hat gar keinen Sinn. Wir dürfen aber nicht vergessen" — schreibt MACH in diesem Zusammenhang, „daß alle Dinge miteinander zusammenhängen und daß wir selbst mit unsern Gedanken nur ein Stück Natur sind"[7])

Es ist verständlich, daß sich die Naturwissenschaftler diese dialektischen Gedankengänge (deren es nicht wenige in den Arbeiten MACHS gab) nicht im Zusammenhang mit seinen idealistischen Ausgangsthesen aneigneten. MACH selbst formulierte das Wesen seiner Anschauungen so: „Unbefangene Überlegung lehrt aber, daß jedes *praktische* und *intellektuelle* Bedürfnis befriedigt ist, sobald unsere Gedanken die sinnlichen Tatsachen vollständig nachzubilden vermögen. Diese Nachbildung ist also *Ziel* und *Zweck* der Physik, die Atome, Kräfte, Gesetze hingegen sind nur die *Mittel*, welche uns jene Nachbildung erleichtert."[8]) Gegenüber seinen Kritikern gab er zu bedenken, daß seine Auffassung „alle *metaphysischen* (philosophischen K. D.) Fragen *ausschaltet*, gleichgültig, ob sie nur als gegenwärtig nicht lösbar oder überhaupt für immer als sinnlos angesehen werden."[9]) Der subjektiv-idealistische Standpunkt kommt zum Ausdruck, wenn MACH beispielsweise schreibt: „Die *sinnliche* Welt gehört dem physischen und psychischen Gebiet *zugleich* an."[10])

Diese idealistischen Gedankengänge sahen die Naturwissenschaften meist nicht in Verbindung mit der kritischen Seite der MACHschen Philosophie. Erst in den 20er bis 30er Jahren, als die Frage der philosophischen Voraussetzungen der Relativitätstheorie diskutiert wurde und eine Vielzahl von Arbeiten erschien, die unmittelbar erkenntnistheoretischen Aspekten dieser Theorie gewidmet waren, empfanden die Physiker den Zwang, sich mit den philosophischen Begründungen und Folgerungen der neuen Physik zu befassen. Die Mehrzahl der Naturwissenschaftler, darunter auch EINSTEIN, lehnten die Existenz eines Zusammenhanges zwischen der Relativitätstheorie und verschiedenen idealistischen philosophischen Strömungen ab, einschließlich des Machismus. Der Begründer der Relativitätstheorie nannte MACH einen „jämmerlichen Philosophen".[11]) Man muß auch darauf verweisen, daß zuerst die Vertreter idealistischer Strömungen, beginnend mit E. MACH, gegen die Relativitätstheorie auftraten.[12]) Als Idealisten später dazu übergingen, MACH als Stammvater der Relativitätstheorie auszugeben, wiesen sowjetische Wissenschaftler zumindest auf den umstrittenen Charakter solcher Behauptungen hin.[13])

Die Ursache für die Ablehnung der Atome und der Relativitätstheorie durch MACH lag in der Erkenntnistheorie des Machismus. Um der Klarheit der weltanschaulichen Grundlagen der Physik willen unterzogen einige theoretische Physiker die erkenntnistheoretischen Positionen des Machismus und des Energetismus einer Kritik. Sie wiesen auf die negativen Folgen hin, die das Prinzip der Denkökonomie, das Prinzip der Einfachheit usw. für die Wissenschaft zeitigen muß, wenn man sie innerhalb der Erkenntnistheorie verselbständigt.

Die Kritiken PLANCKS[14]), LANGEVINS[15]) u. a. zeugen davon, daß einzelne Physiker tief in das erkenntnistheoretische Wesen des Machismus und des Energetismus eindrangen. Sie sahen den Zusammenhang mit den agnostizistischen und skeptizistischen Tendenzen in der Philosophie und kritisierten vor allem die wissenschaftliche Haltlosigkeit dieser philosophischen Schulen, die die wissenschaftliche Erkenntnis durch die ausschließliche Beschreibung sinnlich wahrnehmbarer Erscheinungen einschränken wollten und dabei die Existenz einer realen Außenwelt in Frage stellten. Es ist anzumerken, daß die Divergenz zwischen dem spekkulativen Lehrgebäude MACHS und den Erfordernissen der neuen Etappe in der Entwicklung des physikalischen Denkens auch einzelne Anhänger der positivistischen Philosophie bemerkten. Die Widersprüche zwischen der neuen Physik und der Erkenntnistheorie MACHS, OSTWALDS, DUHEMS u. a. versuchten sie auf verschiedenen Wegen zu beheben. Deshalb verwandten schon in der Periode der Entstehung der Relativitätstheorie einige Anhänger MACHS nicht wenig Anstrengungen darauf, seine Lehre für die wissenschaftliche Forschung zu modifizieren. So stellte PH. FRANK, Nachfolger E. MACHS an der deutschen Universität in Prag, damals fest, daß sich die Ansicht MACHS, wonach die Ergebnisse der Physik aus sinnlich-physiologischen Wahrnehmungen folgen, nicht bestätigt habe. Den wahren

Sinn des positivistischen Verständnisses der Physik sah er aber darin, daß alle physikalischen Aussagen letztlich auf Aussagen über sinnliche Wahrnehmungen zurückgeführt werden können. Diese sind nach FRANK viel weniger zweifelhaft als zum Beispiel Elektronen und Atome, die lediglich Hilfsbegriffe der Forschung seien.[16]) Solche Korrekturen, die das Wesen des positivistischen Verständnisses der Erscheinungen nicht ändern, waren erforderlich, um die Unvereinbarkeit zwischen Relativitätstheorie und idealistischen philosophischen Schulen zu verschleiern. Von Anfang an stand die Mehrzahl der idealistischen Philosophen dem physikalischen Inhalt der neuen wissenschaftlichen Theorie skeptisch gegenüber.

W. I. LENIN blieb bei der Analyse philosophischer Probleme der Physik im Jahre 1908 nicht beim Hinweis darauf stehen, daß die machistische Philosophie ungeachtet ihres empirischen Ursprungs, positivistisch ist und spekulative naturphilosophische Züge trägt. Er zeigte den wirklichen Sinn jener Fragen, die von MACH und seinen Anhängern subjektiv-idealistisch beantwortet wurden. Ungeachtet der subjektiven Absicht MACHS und jener von seiner Philosophie beeinflußten Physiker, mit traditionellen philosophischen Theorien und Systemen zu brechen; ungeachtet ihrer wiederholten Versicherungen, daß die Lehre MACHS keine Philosophie, sondern Naturwissenschaft sei, waren die dabei formulierten Prinzipien philosophischer Natur. Die Ausgangsthesen des Empiriokritizismus waren keinesfalls neu, sondern setzten die subjektiv-idealistische Linie in der Philosophie fort. Obgleich das Auftreten des Machismus echte Schwierigkeiten im Erkenntnisprozeß signalisierte, stellten die Prinzipien der machistischen Philosophie spekulative, a-priori-Thesen dar. MACH und die anderen Empiriokritiker trachteten danach, ihre Thesen der naturwissenschaftlichen Forschung aufzudrängen, ohne dabei den a-priori-Charakter ihrer Lehre zu bemerken.

Metaphysisches Denken führt unvermeidlich zum Aufbau „neuer“ philosophischer „Ismen“, in denen im traditionellen idealistischen Sinne einzelne Momente der Erkenntnis hypostasiert werden. Solche Fehler in den philosophischen Ausgangsthesen können auch bei „intellektueller Redlichkeit“ nicht verhindern, daß sie in der Philosophie zum erkenntnistheoretischen Subjektivismus führen.

W. I. LENIN zeigte als dialektischer Materialist, daß das tatsächliche Problem, an dem der Machismus scheiterte, die Unfähigkeit ist, das Verhältnis zwischen Theoretischem und Empirischem wegen der idealistischen Deutung und Verabsolutierung des Sinnlichen in der Erkenntnis dialektisch zu fassen. Der Versuch, die Wissenschaft auf die unmittelbar sinnlichen Daten einzuschränken, geht bis in die Anfänge des Erkenntnisprozesses zurück. Später nahm er seine endgültige Form in der Philosophie des Empirismus an. E. MACH setzte diese Linie fort. Von Anfang an war deshalb der Machismus mit der für den philosophischen Empirismus insgesamt kennzeichnenden Schwäche belastet. Der Empirismus bestimmte so das Schicksal der erkenntnistheoretischen Position E. MACHS.

Der philosophische Empirismus lehnt den Inhaltsreichtum, den gegenständlichen Charakter des Allgemeinen ab. Das geschieht deshalb, weil die empirische Methode, die durch den Empirismus zur alleinigen Methode verabsolutiert wird, nicht ausreicht, um das Wesen, die Notwendigkeit, das Gesetz, das Allgemeine zu erkennen. Der Empirismus hat es als systematische Philosophie nur mit dem sinnlichen Inhalt der Erkenntnis, mit der Wahrnehmung endlicher Dinge zu tun. Der konsequente Empirismus hat daher seine logische Basis im universellen Induktionismus: die induktive Methode ist die einzige Methode, die zu Erkenntnis führen kann.

Der Trugschluß einer solchen Ansicht wird durch die gesamte Wissenschaftsgeschichte, eingeschlossen die Philosophiegeschichte, belegt. Aus dem sinnlich Erkennbaren, dem sinnlich Gegebenen „folgten“ theoretische Konzeptionen, die längst der Vergangenheit angehören — die Lehre vom Wärmestoff, dem Phlogiston; dem Äther u. a. Aber der

Einfluß des Machismus auf einen Teil der Naturforscher war nicht nur negativ. Er entstand in einer Zeit, in der die Prinzipien der NEWTONschen Mechanik in ein naturphilosophisches System gepreßt, verabsolutiert wurden. Das damit verbundene metaphysische Denken hemmte die Entwicklung der wissenschaftlichen Erkenntnis. Die Dialektik bahnte sich ihren Weg spontan; sie war noch nicht zum bewußt gehandhabten Mittel der Kritik an der Metaphysik geworden. Die bewußte Dialektik wurde bei HEGEL derart mystifiziert und hatte ihren Ursprung in der „absoluten Idee“, so daß sie für die Naturwissenschaftler meist unverständlich blieb. Wie W. I. LENIN bemerkte, stößt das ganze Milieu, in dem die Gelehrten in den kapitalistischen Ländern leben, sie von MARX und ENGELS ab und verhindert, daß sie die materialistische Dialektik kennenlernen konnten.

Trotz des zweifellos vorhandenen kritischen Geistes in der philosophischen Lehre MACHS, der aber nicht ihr Wesen ausmachte, kam es zur Ablehnung der allgemeinen Relativitätstheorie. Das kann nicht damit erklärt werden, daß MACH damals zu alt war, um die Folgerungen aus dieser Theorie noch zu verstehen, wie dies von F. HERNECK behauptet wird.[17]) Bei der Klärung des Verhältnisses von allgemeiner Relativitätstheorie und Empiriokritizismus ging MACH konsequent und logisch vor. Im Unterschied zu einigen seiner Schüler (PH. FRANK u. a.) wollte er sein philosophisches System nicht an die neue physikalische Theorie „anpassen“ und lehnte letztere deshalb ab.

CH. NORDMANN berichtete, daß EINSTEIN zwar in Übereinstimmung mit MACH die wissenschaftlichen Begriffe vom jeweiligen Versuch abhängig machte, es aber ablehnte anzunehmen, daß die Wissenschaft nur in einer elementaren Verbindung dieser Daten besteht. Für EINSTEIN war die Wissenschaft ein System, d. h. eine auf logischem Wege erhaltene Synthese, aber nicht einfach ein Katalog von Fakten, wie MACH dachte.[18])

Die Schwäche der Position E. MACHS bestand nicht nur

darin, daß er den Gegenstand der Wissenschaft insgesamt und den Gegenstand der Physik insbesondere, auf beobachtbare Objekte und ihre Wechselbeziehungen reduzierte, sondern auch darin, daß er nicht auf die Frage zu antworten vermochte, wie von den Begriffen eines theoretischen Systems zu den Begriffen eines anderen übergegangen wird. Außerdem schloß die empirische Plattform, die seiner Logik der wissenschaftlichen Forschung zugrunde lag, die Behandlung von Problemen aus, die beim Übergang von einem theoretischen System zu einem anderen auftreten.

Deshalb können im 20. Jahrhundert, in dem die Rolle des schöpferischen Moments, und des Theoretischen in der Forschung ständig wächst, in dem die Mathematik eine immer wirksamere Waffe bei der Erkenntnis der Realität wird, die Philosophie MACHS und ihre Fortsetzung im heutigen Neopositivismus unmöglich als adäquate philosophische Methode der wissenschaftlichen Erkenntnis angesehen werden. Das erklärt: 1) den Rückgang des Einflusses der positivistischen Philosophie unter Naturforschern; 2) die Kritik an den Grundthesen der neopositivistischen Philosophie durch viele führende Naturwissenschaftler; 3) die Suche weiterblickender Anhänger des Neopositivismus nach tragfähigeren Grundlagen des Erkenntnisprozesses. Innerhalb des positivistischen Ansatzes ist diese Suche perspektivlos, es muß um den Verzicht auf den Neopositivismus insgesamt gehen.[19])

2.4. *Die Relativitätstheorie und der Kampf des Materialismus gegen den Idealismus*

Neben dem Positivismus versuchten auch andere idealistische philosophische Richtungen, die erkenntnistheoretischen Folgerungen aus der Relativitätstheorie auszunutzen. Dabei wurden bestimmte Möglichkeiten, die diese Theorie zu bieten schien, nicht von Anfang an gesehen. Der Dogmatismus und der metaphysische Charakter dieser Systeme führte dazu, daß viele bedeutende Vertreter der idealistischen Philosophie der neuen physikalischen Theorie des Raumes und der Zeit ablehnend gegenübertraten. Diese Ablehnung der Relativitätstheorie EINSTEINS war nicht zufällig. Die Relativitätstheorie wies unwiderlegbar die Existenz objektiver Gesetze nach und deckte fundamentale Zusammenhänge zwischen Materie, Bewegung, Raum und Zeit auf. So wurden Grundthesen des dialektischen Materialismus konkretisiert und bestätigt; die Relativitätstheorie war damit objektiv gegen alle idealistischen Systeme gerichtet.

Die Entwicklung der Physik, die neue theoretische und experimentelle Beweise für die Richtigkeit und Wissenschaftlichkeit der Relativitätstheorie EINSTEINS erbrachte, zwang die Vertreter verschiedener idealistischer philosophischer Schulen ihre Haltung zu dieser Theorie zu revidieren. Die idealistischen Philosophen begannen mit philosophierenden Naturforschern — B. RUSSEL. E. CASSIRER, M. SCHLICK, A. EDDINGTON, P. JORDAN, A. V. VASILEV und anderen, verstärkt idealistische Schlußfolgerungen zu propagieren, die angeblich aus der neuen Theorie EINSTEINS über Raum und Zeit entspringen sollten.

„Wenn man bürgerliche Gelehrte hört“, — schrieb A. A. GOLCMAN, „so brach nach Auftreten der Relativitätstheorie für die materialistische Philosophie das Ende an“.[20]) Darauf lenkten auch andere marxistische Philosophen ihre Aufmerksamkeit, die sich mit philosophischen Fragen der Naturwissenschaft beschäftigten. So schrieb V. I. NEVSKIJ, daß bezüglich der Relativitätstheorie „sich die Idealisten aller Schattierungen daran ... klammerten, den Materialismus zu stürzen ...“ und den Idealismus durch ein dauerhaftes naturwissenschaftliches Fundament zu stützen.[21]) Unter Berücksichtigung der experimentellen Bestätigung der Relativitätstheorie beschäftigten sich eine ganze Reihe Vertreter des idealistischen philosophischen Denkens vorübergehend mit der Anpassung der Relativitätstheorie EINSTEINS an ihr philosophisches

System oder umgekehrt mit der Anpassung ihrer Philosophie an die Gedanken der Relativitätstheorie. Es bildeten sich zudem ganze philosophische Richtungen heraus, die von einer idealistischen Interpretation des physikalischen Wesens der neuen Theorie ausgingen (Relativismus u. a.). So versuchten sich die verschiedensten idealistischen Systeme der Ergebnisse der Relativitätstheorie zu versichern. Reichenbach sprach am Anfang der 20er Jahre treffend davon, daß die Relativitätstheorie zugunsten dieser oder jener Erkenntnistheorie konfisziert wurde.

E. Cassirer z. B. wendete nicht wenig Mühe auf, nachzuweisen, daß nicht nur keine Widersprüche zwischen der Lehre Kants über Raum und Zeit und der Relativitätstheorie Einsteins bestehen, sondern das letztere auch eine Frucht der ersteren sei. Er behauptete, daß die Relativitätstheorie den Standpunkt des kritischen Idealismus innerhalb der empirischen Wissenschaft selbst besser zum Tragen bringt.[22]) Hingegen ist aber bekannt, daß die philosophische Lehre Kants über Raum und Zeit, dargestellt in den „Metaphysischen Anfangsgründen der Naturwissenschaft“, im wesentlichen ein System von Behauptungen darstellt, die dem physikalisch-mathematischen Denken seiner Zeit eng verbunden waren. Kant ging von den klassischen Ideen der Newtonschen Mechanik und der euklidischen Geometrie aus. Wiederholt wandte er sich auch in anderen Arbeiten dem Problem der Natur des Raumes und der Zeit zu und begann immer mit der Bestimmung des absoluten und relativen Raumes durch Newton. Kant versuchte nachzuweisen, daß, obgleich experimentell nicht untersuchbar, der absolute Raum eine logische Notwendigkeit darstelle. Deshalb vertrat der Begründer der Relativitätstheorie die Ansicht, daß Kants Einfluß für die Lösung der Probleme des Raumes und der Zeit negativ war. A. Einstein betonte, daß wissenschaftlich nützliche Begriffe über uns leicht eine solche Autorität erlangen, daß wir „ihres irdischen Ursprungs vergessen und sie als unabänderliche Gegebenheiten hinnehmen.“ Dann werden sie zu „logischen Notwendigkeiten“, „a-priori-Gegebenheiten" u. a., die den wissenschaftlichen Fortschritt auf lange Sicht hemmen.[23])

Das macht deutlich, wie schwer die KANTsche Lehre über Raum und Zeit mit dem Standpunkt des Autors der Relativitätstheorie vereinbar ist. Davon ausgehend kritisierten marxistische Philosophen die Versuche der Neokantianer, die Relativitätstheorie als eine Frucht der KANTschen Lehre über Raum und Zeit nachzuweisen. S. JU. SEMKOVSKIJ zeigte, daß „die *Kantsche* Lehre über Raum und Zeit das *direkte Gegenteil der Einsteinschen* darstellt, da Kant die Geometrie Euklids und die Mechanik Newtons philosophisch untersuchte und sie mit dem idealistischen Fundament seiner transzendentalen Ästhetik zementierte."[24]) S. JU. SEMKOVSKIJ bemerkte, daß der Standpunkt KANTS über Raum und Zeit zur Ablehnung des objektiven Charakters dieser Kategorien führt; denn „die ‚Objektivität' des Raumes und der Zeit bleiben bei ihm (Kant — K. D.) nur als ‚Gesamtbedeutung' dieser Formen des Sinnlichen erhalten, *die ganze wirkliche Objektivität des Raumes und der Zeit* (*die sowohl von Newton als auch Einstein anerkannt wurden*), *d. h. die Existenz des Raumes und der Zeit außerhalb und unabhängig von unserem Bewußtsein, lehnte Kant völlig ab*".[25]) Eine solche Kritik war nicht nur gegen die Neokantianer (E. CASSIRER u. a.) gerichtet, sondern auch gegen jene Gegner der Relativitätstheorie in der Sowjetunion, die beweisen wollten, daß die neue Theorie den Standpunkt der Kantianer bekräftigt. Diese Position nahm beispielsweise A. K. TIMIRJAZEV ein. Im Zusammenhang damit bemerkte S. JU. SEMKOVSKIJ richtig, daß „gerade der Vergleich Kants mit Einstein Gen. Timirjazev verstehen helfen müßte, daß sich ihr Standpunkt ebenso unterscheidet, wie sich Idealismus und Materialismus voneinander unterscheiden."[26])

Darauf, daß die Lehre KANTS über Raum und Zeit unvereinbar mit den erkenntnistheoretischen Schlußfolgerungen aus der Relativitätstheorie ist, wiesen auch einige Schüler E. MACHS hin. So bemerkte V. BAZAROV, daß CASSIRER KANT in seiner Arbeit über die Relativitätstheorie EINSTEINS derart entstellt habe, um dessen Lehre mit der Relativitätstheorie zu vereinbaren, daß allein der Name KANTS übrigblieb. Den grundlegenden Mangel des Herangehens von CASSIRER sah V. BAZAROV „in der viel zu raffinierten und konstruierten Deutung der Kantschen Philosophie." Er bemerkte wie auch S. JU. SEMKOVSKIJ, daß der „historische Kant zweifellos in zu enger geistiger Verwandtschaft mit dem Denken Newtons und Eulers stand, wobei der reife Kant der ‚Kritik der reinen Vernunft' damit noch mehr belastet ist als der unter Humes Einfluß stehende Kant der vorkritischen Periode."[27])

Auf den engen Zusammenhang der NEWTONschen Anschauung über Raum und Zeit und der KANTschen Lehre über das Wesen von Raum und Zeit wiesen auch früher schon eine Reihe bedeutender Naturforscher hin. V. I. VERNADSKIJ bemerkte beispielsweise in einer KANT gewidmeten Rede: „Für die wissenschaftliche Arbeit Kants hatten zwei bedeutende Ideen entscheidenden Einfluß: 1) Der Newtonsche Gedanke der allgemeinen Gravitation und die damit in Verbindung stehenden Vorstellungen über ‚abstoßende Kräfte' und die daraus ... abgeleiteten Vorstellungen von den Fernwirkungskräften. 2) Der Gedanke der gesetzmäßigen Änderung der natürlichen Körper und Erscheinungen in der Zeit; die Idee vom genetischen Zusammenhang der Natur, die ungefähr um die Mitte des XVIII. Jahrhunderts von Buffon geäußert wurde."[28]) Der Standpunkt, nach dem die philosophischen Vorstellungen des Königsberger Philosophen zu Fragen des Raumes und der Zeit im wesentlichen nicht über die Grenzen der klassischen Mechanik Newtons hinausgingen, war somit begründet. Damit gingen die marxistischen Philosophen in die Diskussionen um die philosophischen Voraussetzungen der neuen Lehre über Raum, Zeit und Gravitation und verteidigten die materialistische Interpretation der Relativitätstheorie. Der grundlegende Mangel des KANTschen Herangehens an das Problem des Raumes und der Zeit zeigte sich in seinem Apriorismus. „Der Einfluß Newtons und Buffons ist bei jedem Schritt seines wissenschaftlichen Denkens spürbar, spiegelt sich in seinem Verhältnis zu vorhergehenden philosophischen Systemen wider, gibt eine eigentümliche Spur seiner schöpferischen wissenschaftlich-philosophischen Arbeit wider", — bemerkte V. I. VERNADSKIJ in der bereits erwähnten Rede. Eine solche „Bindung" KANTS an die zu seiner Zeit existierenden physikalischen Auffassungen erhielt ihre philosophische Gestaltung in seinem Apriorismus. Hier sei besonders darauf hingewiesen, daß eine der grundlegenden Ideen der Relativitätstheorie, die Abhängigkeit der Raum-Zeit-Eigenschaften von der Bewegung des Bezugssystems nur schwer mit der Kantschen Fragestellung vereinbar ist. Die Allgemeinheit, Bestimmtheit, Notwendigkeit, letztendlich der a-priori-Charakter von Raum und Zeit bei KANT sind mit der Allgemeinheit und Notwendigkeit der Formen unserer Sinnlichkeit verbunden. Deshalb ist selbst die Fragestellung nach dem Raum und der Zeit eines jeden Bezugssystems (des Beobachters) für die KANTsche transzendentale Philosophie ausgeschlossen.

S. JU. SEMKOVSKIJ, der den unversöhnlichen Gegensatz der Schlußfolgerungen der Relativitätstheorie über die Struktur der Welt und der Lehre KANTS von Raum und Zeit hervorhob, führte folgende interessante Episode an. Im Jahre 1925, als eine lebhafte Diskussion über die philosophischen Voraussetzungen und die Konsequenzen der Relativitätstheorie im Gange war, wurde in Deutschland der 200. Geburtstag KANTS (22. April) feierlich begangen. Die „Kantstudien" gaben einen Jubiläumsband heraus, der eine umfassende Untersuchung der Lehre KANTS über Raum und Zeit in ihrer analytischen und synthetischen Form enthielt. Der Autor dieser Untersuchung kam zu der Schlußfolgerung: entweder KANT oder EINSTEIN.

In der Auseinandersetzung mit den Behauptungen, daß KANT die Relativitätstheorie vorweggenommen habe, verwiesen die marxistischen Philosophen auch auf die Entwicklung nichteuklidischer Geometrien. So machte S. JU. SEMKOVSKIJ darauf aufmerksam, daß die Physiker des

XX. Jahrhunderts, indem sie den empirischen Charakter der Geometrie hervorhoben, gegen die Behauptung KANTS von der Denknotwendigkeit und Allgemeinheit der euklidischen Geometrie verstoßen. „*Der Kantische Apriorismus untrennbar damit verbunden, daß eine von der euklidischen Geometrie verschiedene Geometrie nicht denkbar ist. Umgekehrt tritt die nichteuklidische Geometrie* von Anfang an *dem Apriorismus entgegen* und erkennt prinzipiell die *Erfahrungsgrundlage der Mathematik* an."[29]) Die Analyse der marxistischen Philosophen, insbesondere S. JU. SEMKOVSKIJS, war um Breite des Herangehens, die Stichhaltigkeit der Argumente und die Einbeziehung der neuesten physikalisch-mathematischen und philosophischen Literatur bemüht. So benutzte beispielsweise S. JU. SEMKOVSKIJ die mathematischen Arbeiten N. I. LOBAČEVSKIJS, die neuesten physikalischen Arbeiten von EINSTEIN, PLANCK, POINCARÉ, FRIEDMAN, EDDINGTON und anderen.

Die idealistischen Interpretationen der Relativitätstheorie gingen in folgende Richtungen: a) die Überbewertung der Rolle des Beobachters (das wurde von vielen Physikern unterstützt, die sich nicht mit den philosophisch-weltanschaulichen Konsequenzen beschäftigten und aus methodischen Gründen bei der Darlegung der Theorie EINSTEINS die Rolle des Beobachters besonders hervorheben); b) die Identifikation der Relativität der Zeit, des Raumes, der Masse und anderer Größen mit der Subjektivität dieser Größen; c) die Deutung der relativistischen Effekte als ausschließliche Konsequenz der Messung und schließlich d) die Begründungsversuche des philosophischen Relativismus. Die Anhänger dieser letzten Richtung sahen in der Relativitätstheorie den Beweis für ihre Behauptung: „Es gibt eben keine absolute Wahrheit, weil es keinen absoluten Ruhepunkt, keinen absoluten Anfang, nichts absolut Unveränderliches, keine absolute Substanz, überhaupt nichts Absolutes gibt."[30])

Die Relativitätstheorie brachte also auch eine Belebung des Idealismus mit sich. Dabei traten besonders die Vertreter des philosophischen Relativismus hervor, der zur

Mode wurde. Die Relativität der Raum-Zeit-Eigenschaften, die die Theorie EINSTEINS aufgedeckt hatte, sah man oft als Bestätigung der absoluten Relativität des Wissens an. Es kam dazu, daß man aus dem physikalischen Relativismus der Relativitätstheorie den weltanschaulichen Kurzschluß auf den philosophischen Relativismus zuließ, der die Objektivität der Wahrheit ablehnt. Die Idealisten aller Schulen und Richtungen waren bestrebt, die Theorie EINSTEINS, die mit ihr aufgeworfenen komplizierteren erkenntnistheoretischen Probleme für die Propaganda positivistischer Ansichten über Raum und Zeit auszunutzen.

A. A. BOGDANOV, V. A. BAZAROV, P. S. JUSKEVIČ, A. V. VASILEV, P. A. FLORENSKIJ und andere verbreiteten in diesem Zusammenhang positivistische Anschauungen in der Sowjetunion. So trat beispielsweise der Professor für Mathematik A. V. VASILEV mit einem Buch „Raum, Zeit, Bewegung. Historische Grundlagen der Relativitätstheorie“ hervor, in welchem er den Versuch unternahm, einen allgemeinen, absoluten Relativismus mit Hilfe der neuen physikalischen Theorie zu begründen. Die philosophischen Ansichten A. V. VASILEVS zeigten sich besonders anschaulich in seinem Verhältnis zur Philosophie J. BERKLEYS. „Das unsterbliche Verdienst Berkleys,“ — schrieb er —, „besteht darin, daß er entschieden die äußere Realität des Raumes ablehnte und ihn ausschließlich als subjektives Resultat der Assoziationen der sinnlich wahrnehmbaren und motorischen Empfindungen anerkannte.“[31]) Ausgehend davon gelangte A. V. VASILEV zur Anerkennung J. BERKLEYS als philosophischen Begründer der Relativitätstheorie. Mit seinen idealistischen Thesen über Raum und Zeit trat er auf dem VI. Internationalen Philosophie-Kongreß auf, der 1926 an der Harvard-Universität stattfand.[32])

In den ersten Jahren der Sowjetmacht waren auch konventionalistische Ansichten A. POINCARÉS über Raum und Zeit und zum Verhältnis der einander ablösenden physikalischen Theorien verbreitet. Beispielsweise schrieb

V. A. Bazarov: „Unbestreitbar formulierte Mach als erster das grundlegende Postulat der allgemeinen Relativitätstheorie. Um diesem Postulat die Gestalt einer abgeschlossenen Theorie zu geben, war jene — Mach mit seiner dogmatischen Forderung nach ‚reiner Beschreibung' unbekannte — Kühnheit konstruktiver Phantasie nötig ..., die in gleicher Weise den Genius Poincarés und Einsteins auszeichnete."[33]) Bazarovs weitere Ausführungen führten unter Berufung auf Poincarés „Wissenschaft und Hypothese" zum Konventionalismus. In seinen populärwissenschaftlichen Arbeiten, die zumeist erkenntnistheoretischen Charakter haben, versuchte Poincaré, seine skeptizistische philosophische Konzeption zu begründen. Er spürte die Notwendigkeit, die überholte mechanistische Weltvorstellung der Naturwissenschaften abzulösen. Er „war einer der ersten, die die Durchführbarkeit des Aufbaus der Physik auf der Grundlage der Mechanik in Frage stellten."[34]) Der Versuch, die Relativität des mechanistischen Weltbildes zu begreifen, führte Poincaré im Ergebnis seiner Analyse der Wechselbeziehungen von klassischer Mechanik und Elektrodynamik zum erkenntnistheoretischen Skeptizismus. Der Zweifel wurde zum Ausgangsprinzip seiner Erkenntnistheorie und begann auch seine gesamte philosophische Position zu beherrschen. Das wurde von V. A. Bazarov und anderen Philosophen, die unter den Einfluß des Konventionalismus gerieten, nicht ausreichend kritisiert.

Diese philosophische Plattform hinderte Poincaré nach Meinung eines Mitbegründers der Quantentheorie, L. de Broglie, gerade daran, den entscheidenden Schritt in der Analyse der Grundlagen der klassischen Physik zu machen und die Relativitätstheorie zu schaffen: „Henri Poincaré, dessen überaus kritischer Verstand a-priori-Ideen, wie die Vorstellung vom Äther mied, stand mehrmals kurz vor einer entscheidenden Wendung zu einem solchen Standpunkt (zur Ablehnung der Vorstellungen über eine absolute Zeit — K. D.) ... Aber er gehörte auch der Generation an, die in den Vorstellungen der klassischen Physik erzogen war."[35]) Auf die Frage, warum POINCARÉ seine Forschungen nicht bis zum logischen Ende führte, die ihn zur Absage an die Vorstellungen über die absolute Zeit und den Äther geführt hätten, bemerkt DE BROGLIE, daß sich POINCARÉS Skeptizismus auf die physikalischen Theorien insgesamt bezog, weil er die verschiedensten Standpunkte als logisch gleichberechtigt ansah. POINCARÉ sah nicht, daß es unter den logisch möglichen Theorien solche gibt, die der physikalischen Realität näher kommen als andere. Deshalb fand EINSTEIN, der erst 25 Jahre alt war und dessen mathematisches Wissen sich nicht mit dem messen konnte, über das der tiefschürfende und geniale französische Gelehrte verfügte, viel früher als POINCARÉ die Synthese, die sogleich alle Schwierigkeiten aufhob, alle Teilresultate der Vorgänger beinhaltete und rechtfertigte.[36]) Die überzogene Kritik am Inhalt der physikalischen Erkenntnis gehört zu den Ursachen, die POINCARÉ, der das Relativitätsprinzip vor EINSTEIN aufstellte, nicht zum Autor der neuen physikalischen Theorie des Raumes und der Zeit werden ließen. I. B. POGREBYSSKIJ bemerkte, daß der französische Gelehrte seine philosophischen, methodologischen Einstellungen nicht auf seine einzelwissenschaftlichen Forschungen anwandte.[37]) Seine naturwissenschaftlichen Anschauungen folgerte H. POINCARÉ nicht deduktiv aus den konventionalistischen philosophischen Prinzipien. Aber wenn man auch keine direkte Beziehung zwischen den philosophischen und den physikalischen Anschauungen H. POINCARÉS beobachten kann, so existiert doch zwischen ihnen eine indirekte Verbindung. Man kann nicht sagen, daß die philosophischen Ansichten H. POINCARÉS keinen Einfluß auf den Forschungsprozeß hatten und völlig unwichtig für seine theoretische und praktische Tätigkeit waren.

P. S. ALEKSANDROV verweist auf die Spezifik der Entwicklung der Mathematik in jener Periode, als sich das weltanschauliche Credo H. POINCARÉS herausbildete: „Poincaré lebte in einer romantischen Epoche der Geschichte der mathematischen Wissenschaften, als erstmals (durch ihn selbst und F. Klein) nachgewiesen wurde, daß die nichteuklidische Geometrie widerspruchsfrei ist, derzufolge unsere Anschauungen über die Geometrie und den Begriff des geometrischen Raumes selbst enorm erweitert wurden ... In jener Epoche entstand in den abstrakten Tiefen der Mathematik selbst eine Theorie, die nach Meinung vieler führender Mathematiker schon außerhalb ihrer Wissenschaft lag, vielleicht sogar außerhalb der Wissenschaft insgesamt — die Mengentheorie. Diese Theorie führte in der Mathematik zu einer Umwälzung, die so bedeutsam war, wie die Umwälzung, die in der Physik durch die Relativitätstheorie eingeleitet wurde".[38]) Diese grundlegenden Umwälzungen in verschiedenen Bereichen der Wissenschaften, deren Zeuge und unmittelbarer Teilnehmer H. POINCARÉ war, übten einen wesentlichen Einfluß auf die Formierung seiner skeptizistischen Weltanschauung aus.

Deshalb kann man annehmen, daß die übertriebene Kritik POINCARÉS (de BROGLIE) sich größtenteils auf die mathematischen Resultate bezieht, daß die Traditionsgebundenheit seines Denkens (I. B. POGREBYSSKIJ) vor allem dem Bereich der Physik entstammt. Gerade bei der Lösung der physikalischen Probleme tat H. POINCARÉ nicht den entscheidenden Schritt. Er wandte sich bei der Interpretation der LORENTZ-Transformation nicht von der Äthervorstellung ab. Deshalb hat K. LANCZOS recht, wenn er bemerkt: „Der wesentliche Unterschied zwischen Poincaré und Einstein besteht vor allem darin, daß Poincaré ein Programm entwarf, das verwirklicht werden mußte, aber nicht versuchte, es zu realisieren. Die faktische Lösung stammt von Einstein".[39]) Auch K. LANCZOS weist darauf hin, daß das konventionalistische Herangehen den produktiven Wissenschaftler hemmt. Die philosophischen Erwägungen, die POINCARÉ zur Behauptung führten, daß das Streben nach „Verständnis" der Gesetze des Kosmos nichts mehr als Selbstbetrug sei, übertrug er auf die Physik, die von seinem Standpunkt aus nicht mehr als die Beschreibung physikalischer Ereignisse sein kann, für die lediglich die Einfachheit einer solchen Beschreibung wichtig sei. Da es leichter sei, Folgerungen aus einfachen Formeln zu ziehen als aus komplizierten, behauptete Poincaré, daß die Geometrie Euklids Gültigkeit behalten müsse, weil sie ja bedeutend einfacher als eine beliebige andere Geometrie sei. Man kann Lanczos zustimmen, wenn er feststellt, daß „dieses ‚konventionalistische' Herangehen sich als völlig unfruchtbar erwies" und daß „Einstein an einer völlig anderen philosophischen Tradition festhielt. Als er aufmerksam die Natur der Gravitation zu studieren begann, kam er zur unvermeidlichen Folgerung, daß die Einbeziehung materieller Objekte unsere gewohnten Gesetze der Geometrie verändert."[40])

Es ist nötig, auf den begründeten Standpunkt zu verweisen, den die sowjetischen marxistischen Philosophen in den 20er Jahren verteidigten. Die neuen erkenntnistheoretischen Probleme, die durch die Relativitätstheorie gestellt wurden, konnten auf der Basis solcher modischer Varianten der idealistischen Philosophie wie Konventionalismus, Machismus, Operationalismus nicht erfolgreich gelöst werden. Mehr noch, diese philosophischen Schulen wirkten sogar hemmend für die Entwicklung der Wissenschaften.

Größte Popularität erlangten in den 20er Jahren verschiedene Formen neopositivistischer Interpretationen der grundlegenden Ideen der Relativitätstheorie. Die Anhänger Machs A. A. Bogdanov, V. A. Bazarov, P. S. Juskevič gaben im Prinzip die machistische Auslegung der Natur des Raumes und der Zeit nicht auf und sahen die Relativitätstheorie als Frucht der Philosophie dieses Mannes an. In Artikeln, die den philosophischen Fragen der Physik gewidmet waren, versuchten sie, die von W. I. Lenin in „Materialismus und Empiriokritizismus" scharf kritisierten Ansichten der Machisten über Raum und Zeit wiederzubeleben.

So war A. A. Bogdanov bestrebt, die Relativitätstheorie Einsteins auf seine „Gleichgewichtstheorie" anzuwenden. Er schrieb, daß die Relativitätstheorie „dicht an die Fragen des Weltaufbaus, der Organisationsformen der Welt herankommt und eine Etappe auf dem Weg zu ihrer wissenschaftlichen Lösung darstellt!“ BOGDANOV sah den Unterschied von Relativitätstheorie und klassischer Physik darin, daß „die alte Physik (die Newtonsche — K. D.) ... die Wissenschaft eines Beobachters war, der je nach Bedarf gedanklich seinen Standort wechselte.“[41]) Während man „die Relativitätstheorie völlig als Physik zweier Beobachter verstehen kann“.[42]) Diese subjektivistischen Gedanken über Raum und Zeit wurden mittels der „Gleichgewichtstheorie“ und anderer Thesen gestützt. Nach Meinung A. A. BOGDANOVS wurde die Philosophie überflüssig.[43])

Eine Neuauflage W. I. LENINS „Materialismus und Empiriokritizismus“ wurde in der Auseinandersetzung mit derartigen Auffassungen unumgänglich (in dieser Zeit war das Buch eine bibliophile Rarität). W. I. LENIN beauftragte W. I. NEVSKIJ, das philosophische Wesen der neuen Arbeiten A. A. BOGDANOVS zu untersuchen. Der Artikel W. I. NEVKIJS „Philosophie der toten Reaktion“ wurde der zweiten Auflage des Buches W. I. LENINS „Materialismus und Empiriokritizismus“ beigegeben.

Im Versuch, die Lehre EINSTEINS für die Propagierung idealistischer Anschauungen über Raum und Zeit auszunutzen, sah sich A. A. BOGDANOV nicht allein. Seine machistischen Anschauungen unterstützten V. A. BAZAROV und P. S. JUSKEVIČ.

V. A. BAZAROV legte dar, daß die von EINSTEIN aufgestellte Theorie der NEWTONschen Ansicht über Raum und Zeit als „absoluter“ Realität, die unabhängig vom Versuch existiert, einen Schlag versetzte und deshalb nicht nur dem MACHschen Verständnis des Raumes und der Zeit als Form unserer Erfahrung nicht widerspricht, sondern die direkte Folge einer solchen Position ist. Auf die Frage, ob man den „raum-zeitlichen Komplex ds“ als etwas Reales ansehen kann, kam V. A. BOGDANOV zu einer negativen Antwort, denn „Raum und Zeit sind

Formen unserer Erfahrung."[44]) Im Zusammenhang damit unterstrich V. A. BAZAROV richtig, daß die Relativitätstheorie die Position der KANTschen Lehre über Raum und Zeit stark erschütterte.[45])

Noch kategorischer war P. S. JUSKEVIČ, der behauptete, daß die Relativitätstheorie die Frucht der MACHschen Philosophie sei. P. S. JUSKEVIČ verteidigte die Lehre MACHS gegenüber der materialistischen Kritik PLANCKS, die dieser für wissenschaftlich unfruchtbar gehalten hatte: „Jeder Verteidiger des Machismus könnte ... auf die ‚Frucht', auf die Relativitätstheorie, verweisen, die es ermöglicht, darüber zu richten, welchen Wert die Machsche Lehre hatte."[46]) Davon ausgehend, kam P. S. JUSKEVIČ zu der Behauptung, daß „die ganze Relativitätstheorie ... vom Geiste des Konventionalismus, der Konvention erfüllt ist".[47]) Die Bedeutung der neuen physikalischen Lehre von Raum und Zeit für die Entwicklung der Philosophie sah P. S. JUSKEVIČ darin, daß sie „nur ein anderer Ausdruck für den Standpunkt des erkenntnistheoretischen Relativismus ist".[48]) Es geschah, wovor der materialistische Physiker W. WIEN gewarnt hatte:

„Es existiert die Gefahr, daß der, der die physikalische Relativitätstheorie unzureichend kennt, bestrebt sein wird, aus ihr bedeutendere Schlüsse zu ziehen und versuchen wird, eine allgemeine Relativitätstheorie unseres Denkens abzuleiten. Damit würden wir dahin zurückkehren, wo wir vor zweitausend Jahren waren — zu den griechischen Sophisten. Die Relativität aller Urteile lehrte schon Protagoras, der letztendlich zu dem rein sophistischen Standpunkt gelangte, daß man gleichzeitig sowohl die Behauptung als auch ihr Gegenteil verteidigen könne. Ich weiß nicht, ob es für die Anhänger der modernen relativistischen Anschauungen wünschenswert ist, so weit zu gehen. Aber eins ist sicher, nämlich, daß *alle solche Theorien direkt der physikalischen Denkweise widersprechen.*"[49])

Ausgehend von der Identifikation des erkenntnistheoretischen Relativismus mit der Relativitätstheorie, gelangten A. A. BOGDANOV, V. A. BAZAROV und P. S. JUSKEVIČ zur Ablehnung der objektiven Bedeutung der von EINSTEIN entdeckten Naturgesetze. Indem er eklektisch Elemente des Materialismus, Relativismus, Pragmatismus und anderer philosophischer Systeme miteinander vermengte, kam BOGDANOV zu der Folgerung, daß die Relativitätstheorie die allgemeine Relativität alles Existierenden beweise. Er schrieb: „Die Natur der Erkenntnis ist praktisch, ‚Kriterium der Wahrheit ist die Praxis', aber für jede Praxis besteht die ‚Begründung' der Formeln in ihrer Zweckmäßigkeit, und nur in ihr. Das ... kennzeichnet auch die Relativitätstheorie völlig, da sie ... die Relativität *jeder* Wahrheit voraussetzt."[50]) Nach Meinung von JUSKEVIČ setzte die Relativitätstheorie auf philosophischer Ebene jenen Gedanken von PROTAGORAS fort, daß „der Mensch – das Maß aller Dinge" sei, weil es „keine absolute, objektive Wahrheit gibt und die Wahrheit nur in Verbindung mit dem erkennenden Subjekt ... existiert. Es gibt keinen Unterschied zwischen dem ‚Scheinbaren' und dem ‚Wirklichen'".[51]) Die Artikel der genannten Autoren, den russischen Machisten, wurden im Sammelband „Die Relativitätstheorie Einsteins und ihre philosophische Deutung" zusammen mit Arbeiten von MORITZ SCHLICK abgedruckt, für den „der physikalische Raum eine logische Konstruktion" war.[52])

In diesen Jahren wurden auch Versuche unternommen, die Gedanken der neuen Theorie, ihre Methoden und Resultate zur Erforschung von Erscheinungen anzuwenden, die der Physik sehr fern stehen. So wurden in einer Arbeit von E. S. LONDON „Das Relativitätsprinzip" die Ergebnisse der Relativitätstheorie für die Untersuchung physiologischer Erscheinungen verwendet.[53]) Es wurden Versuche unternommen, die Resultate der neuen Raum-Zeit-Konzeption mit den Methoden der bildenden Kunst widerzuspiegeln. Einer der bedeutenden Theoretiker des Kubismus, GUILLOME APOLLINAIRE, schrieb: „Heute beschränken sich die Gelehrten nicht mehr auf die drei Dimensionen Euklids. Man kann sagen, daß die Intuition die Künstler völlig natürlich dahin führte, daß ihre Aufmerksamkeit von den neuen Möglichkeiten der räumlichen Dimension in Anspruch genommen wurde, die in der Sprache der modernen Forschung mit dem Terminus vierte Dimension entziffert wurde. Kriterium der reinen Malerei ist der absolute Raum. Die vierte Dimension taucht vom plastischen Standpunkt aus betrachtet, unvermittelt aus den drei bekannten Dimensionen auf. Sie stellt die Unendlichkeit des Raumes dar, die sich zu jedem gegebenen Moment in alle Richtungen erstreckt. Das ist der Raum selbst, die Dimension des Unendlichen. Letztendlich muß ich darauf hinweisen, daß die vierte Dimension aufkam, um das Bestreben ... vieler junger Künstler zu unterstützen, die angesichts der Kunst der Negerskulpturen, der ägyptischen und ozeanischen Skulpturen, über die verschiedenen wissenschaftlichen Werke nachdenken und in Erwartung der großen Kunst leben".[54]) Die Hoffnung auf die Allmacht der neuen Theorie war so groß, daß bekannte Gelehrte, beispielsweise der Etnograph B. Bogoraz (Tan), versuchten, Einsteins Prinzip der Relativität auf die Untersuchung religiöser Erscheinungen anzuwenden.[55]) A priori kann man natürlich die Anwendung dieses oder jenes Prinzips der physikalischen Theorie auf andere Zweige der menschlichen Tätigkeit nicht verwerfen. Aber die angeführten Beispiele, insbesondere der Versuch, die Gedanken der Relativitätstheorie in die Malerei und in die Untersuchung religiöser Erscheinungen einzuführen, zeigt, wie vorsichtig man an solche „Experimente" herangehen muß. In einer Periode, in der solche fundamentalen Ideen, Prinzipien, bzw. Theorien wie die Relativitätstheorie Einsteins entstehen, sind viele Forscher bestrebt, den Wert bisheriger Erkenntnisse vom Standpunkt der neuen Konzeption zu überdenken. Die allgemeine Begeisterung für die neuen Ideen ebbt nach einer bestimmten Zeit ab. Das geschieht dann, wenn die Grenze der Anwendbarkeit der neuen Erkenntnisse Gestalt gewinnt. In den 20er Jahren kam es im Zusammenhang mit der Relativitätstheorie zu den genannten Erscheinungen. Dabei konnten Übertreibungen und fehlerhafte philosophische Verallgemeinerungen nicht immer vermieden werden.

Im Verlaufe von einigen Jahren entstand eine umfangreiche philosophische Literatur zu weltanschaulichen, erkenntnistheoretischen und methodologischen Fragen der Relativitätstheorie.[56]) Man muß dabei berücksichtigen, daß viele Popularisatoren der neuen physikalischen Theorie EINSTEINS bestrebt waren, die Relativitätstheorie als Beleg der „Wissenschaftlichkeit“ des Idealismus zu nutzen. Beispielsweise wurde in einer der Arbeiten behauptet: Weil in der Relativitätstheorie Zeit und Raum relative Größen sind, die von der Geschwindigkeit der Bewegung abhängen, ist die Relativität und Subjektivität der Welt damit impliziert. Solche Überlegungen führten dann zu der Schlußfolgerung, daß die Realität, wie wir sehen, eine Illusion sei und nur in unserem Bewußtsein existiere. Derartige Beispiele könnte man viele anführen.

Allen idealistischen Interpretationen der Relativitätstheorie lag eine Übertreibung irgendeiner Seite, eines Momentes der neuen Theorie zugrunde (Relativität der raum-zeitlichen Charakteristik des Seins, Rolle des Beobachters im Erkenntnisprozeß, philosophisch unzulängliche Auffassungen des Begründers der neuen Lehre über Raum, Zeit und Gravitation, der Relativität der Wahrheit u. a.).

Naturforscher, die gegen die neue Theorie auftraten, gebrauchten neben physikalischen Einwänden zumeist auch philosophische Argumente. Besonders oft versuchten die Gegner der neuen Anschauungen zu beweisen, daß die Relativitätstheorie angeblich ganz rigoros mit den Thesen der klassischen Mechanik bricht, deren Wahrheit durch eine langjährige Praxis unerschütterlich bekräftigt sei. Deshalb könnten die Vorstellungen Einsteins über Raum, Zeit und Gravitation nicht der Wirklichkeit entsprechen. Das Verhältnis der Gesetze der aufgestellten neuen Theorie und der in langjähriger Praxis überprüften Gesetze der klassischen Mechanik war deshalb besonders aktuell und besaß außerordentliche Bedeutung in den philosophischen Diskussionen.

3. Probleme des Wechselverhältnisses von klassischer Mechanik und Relativitätstheorie in der physikalischen und philosophischen Literatur

Mit dem Auftreten und der weiteren Entwicklung der speziellen und allgemeinen Relativitätstheorie wurden folgende Fragen aktuell: Inwiefern sind die Ausgangsprinzipien der klassischen Mechanik experimentell und theoretisch begründet? Welchen physikalisch-mathematischen und philosophischen Status haben solche grundlegenden Begriffe der NEWTONschen Mechanik wie die absolute Zeit und der absolute Raum? Inwiefern ist die klassische Mechanik einer weiteren Entwicklung fähig? Widerspiegelt sie bereits die grundlegenden Gesetzmäßigkeiten der Natur im wesentlichen vollständig und bedarf nur noch unwesentlicher Korrekturen? Die Diskussion all dieser Fragen vollzog sich auf einer breiten philosophischen Plattform unter Einbeziehung eines umfangreichen philosophiehistorischen und wissenschaftshistorischen Materials. Dabei traten zwei Alternativstandpunkte auf. Der erste Standpunkt führte im wesentlichen zur Verabsolutierung der Gesetze der klassischen Mechanik, zur Ablehnung der neuen Anschauungen. Seine Vertreter waren Physiker wie J. THOMSON, H. LORENTZ, W. WIEN und andere, deren Weltanschauung sich in der Periode des Triumphes des mechanistischen Weltverständnisses vollständig ausgebildet hatte. Damals bedeutete die Erscheinungen zu erklären, ein anschauliches mechanisches Modell davon zu konstruieren. Diese Position unterstützten außer den genannten Gelehrten, einflußreiche Physiker und Philosophen in der UdSSR: A. K. TIMIRJAZEV, N. P. KASTERIN, V. F. MITKEVIČ u. a. Philosophisch gesehen ist die Position dieser Autoren Ausdruck ihres metaphysischen Herangehens an die Natur und an die Erkenntnis. Im Wesen führt sie zu der Behauptung: „Bei all ihrer prinzipiellen Neuheit ließ die Relativitätstheorie die selbstverständlichen Voraussetzungen der früheren Physik unverändert ... und über jeden Zweifel erhaben.“[1])

Die Relativitätstheorie selbst lieferte den experimentellen und theoretischen Nachweis dafür, daß die entsprechende Konzeption falsch war. Bis zur Entstehung der speziellen Relativitätstheorie konnten die philosophischen Zweifel an der Allgemeinheit und Absolutheit der Gesetze der klassischen Mechanik nicht so präzis begründet werden, daß sie die Naturforscher überzeugt hätten. Jedoch die Entwicklung der speziellen Relativitätstheorie gab der Frage nach der Allgemeinheit der Gesetze der klassischen Physik eine konkrete naturwissenschaftliche Grundlage. In einer solchen Situation konnten die Anhänger der neuen Anschauungen nicht nur logisch, sondern auch mit experimentellen Fakten operierend, den Näherungscharakter des wissenschaftlichen Weltbildes, der klassischen Mechanik nachweisen. Mehr noch, sie konnten den Grad der Annäherung des genannten Weltbildes an die Wirklichkeit zeigen.

Besonders unter dem Einfluß solcher Überlegungen bildete sich auch der zweite Standpunkt heraus. Sein Wesen besteht in der Behauptung, daß die grundlegenden Ausgangspostulate der klassischen Mechanik eine Idealisierung darstellen, die Näherungscharakter hat. Im einzelnen bewies die neue Theorie des Raumes und der Zeit, daß eine der grundlegenden Thesen der klassischen Physik — die Behauptung über die absolute Gleichzeitigkeit — den Charakter einer Hypothese hat. Die tiefe physikalisch-theoretische und logisch-philosophische Analyse der Begriffe Gleichzeitigkeit, Raum und Zeit, Masse usw. zeigte den Näherungscharakter vieler Resultate der klassischen Mechanik. Von dieser Tatsache gingen die Vertreter des zweiten Standpunktes aus. Die Mehrzahl der Physiker im In- und Ausland erkannte die Notwendigkeit der neuen Ideen an. Auf die Weltanschauung dieser Naturforscher hatte neben den existierenden und rivalisierenden philosophischen Systemen vor allem die Situation in der Physik an der Wende vom XIX. zum XX. Jahrhundert einen großen Einfluß. Die neuen physikalischen Anschauungen über Raum, Zeit und Gravitation, die in ihrer Grundlage in den Arbeiten A. Einsteins zwischen 1905 und 1916 formuliert wurden, fanden Unterstützung bei solchen Physikern wie M. Planck, P. Langevin, A. Sommerfeld, M. Born, M. Laue, A. Eddington u. a. Die neue Generation der Physiker, die bei der Schaffung eines anderen wichtigen Zweiges der Physik, der Quantenmechanik, mitgewirkt hatte, sah im wesentlichen die Ideen der Relativitätstheorie sofort als unumstößliche Tatsache an.

In der UdSSR bildeten sich, wie bereits festgestellt, zwei Lager heraus: das erste, entscheidende, hatte seinen Anfang in der Arbeit N. Umovs, der einen wichtigen Beitrag zum Verständnis der neuen Theorie leistete, und wurde von A. F. Joffe, R. S. Roždestvenskij, A. A. Friedmann, Ju. A. Krutkov, S. I. Vavilov, L. I. Mandelštam, I. E. Tamm, L. D. Landau, V. K. Frederiks, Ja. I. Frenkel, D. I. Blochincev u. a. gebildet. Sie anerkannten nicht nur die Notwendigkeit der neuen Anschauungen, die durch die spezielle und allgemeine Relativitätstheorie aufgedeckt worden waren, sondern leisteten auch einen gewichtigen Beitrag zum Verständnis und zur Entwicklung der Ideen Einsteins. Das zweite Lager, das in der UdSSR ebenso wie auch in anderen Ländern existierte, wurde von einer kleinen Zahl von Gelehrten gebildet, im wesentlichen durch die Physiker A. K. Timirjazev, V. F. Mitkevič, Z. A. Cejtlin, N. P. Kasterin und den Philosophen A. A. Maksimov. Diese Autoren lehnten die Notwendigkeit der neuen physikalischen Anschauungen ab. Die Position, die von ihnen verteidigt wurde, hatte ihren Vorgänger in Rußland in dem Physiker D. A. Goldgammer. Diese Gruppe fand kaum Unterstützung bei den anderen Physikern und Philosophen; ihre Vertreter waren aber sehr aktiv und es verging viel Zeit bis die ganze Unfruchtbarkeit ihrer Position nachgewiesen werden konnte.

Einigen Vertretern der neuen physikalischen Anschauungen unterliefen in der betrachteten Periode methodologische Fehler bei der Einschätzung des Wechselverhältnisses von klassischer und relativistischer Mechanik.

Bei der Diskussion der Wahrheitsproblematik zweier Theorien traten folgende mögliche extreme Lösungen auf: Die klassische Mechanik ist wahr, deshalb ist es nötig, jene Fakten umzuinterpretieren, für die die neue Theorie geschaffen wurde. Die klassische Mechanik ist falsch, deshalb ist es notwendig, an den Ideen und Forderungen der neuen Theorie festzuhalten. Letztendlich war jene Konzeption richtig, die die Notwendigkeit der dialektischen Verbindung der Errungenschaften dieser Theorien behauptete, ohne eine von ihnen aufzugeben.

Die physikalischen und philosophischen Beziehungen der Relativitätstheorie und der klassischen Mechanik NEWTONS analysierend, unterstrich die Mehrzahl der Gelehrten in der betrachteten Periode, daß die Widersprüche in der Entwicklung der klassischen Mechanik, insbesondere die Schwierigkeiten, die mit der Entwicklung der LORENTZschen Elektronentheorie und der Elektrodynamik MAXWELLS verbunden waren, mit Notwendigkeit zur Relativitätstheorie EINSTEINS führten. Die Mehrzahl der Autoren kritisierte die These der NEWTONschen Mechanik vom absoluten Raum, der absoluten Zeit und der absoluten Bewegung. Doch dabei vergaßen sie oft den für die Geschichte der Wissenschaft wichtigen Fakt zu unterstreichen, daß deren Einführung in die Naturwissenschaft einst physikalisch erforderlich war. Man kann zeigen, daß die grundlegenden Prinzipien der Mechanik NEWTONS in bezug auf den Erkenntnisstand dieser Zeit berechtigt sind; daß sie aber nur für Bewegungen von Körpern mit Geschwindigkeiten gelten, die vernachlässigbar klein im Verhältnis zur Lichtgeschwindigkeit im Vakuum sind. EINSTEIN betonte, daß die grundlegenden

Prinzipien NEWTONS vom logischen Standpunkt aus so sehr befriedigend waren, daß das Bestreben zu ihrer Erneuerung nur unter dem Druck der experimentellen Fakten entstehen konnte.[2])

Wie verhielt es sich mit dem Wechselverhältnis des theoretischen Systems der klassischen Mechanik und der Versuchsdaten? Die Grundbegriffe der klassischen Mechanik erklärten die bis dahin bekannten Versuchsdaten gut. Es gab keine experimentellen Daten, die nicht in ihr System gepaßt hätten.

EINSTEIN bemerkte, daß NEWTON immer bestrebt war, sein System als ein aus der Erfahrung abgeleitetes darzustellen. Ungeachtet dessen führte er die Begriffe des absoluten Raumes und der absoluten Zeit ein. Widerspricht das nicht dem eben Gesagten? Nein, denn gerade in diesem Punkt war NEWTON besonders folgerichtig.[3]) Die Notwendigkeit der Einführung des absoluten Raumes folgte bei NEWTON aus seinem berühmten Eimerversuch. Der Begriff der absoluten Zeit stand mit großer Genauigkeit mit der Gesamtheit der experimentellen Daten in Einklang. Dabei hat man zu berücksichtigen, daß die experimentelle Basis der klassischen Mechanik faktisch nicht weit über die Grenzen des Alltagsversuches hinausging.

Die Einführung der Thesen der NEWTONschen Mechanik über den absoluten Raum und die absolute Zeit, die oft als metaphysisch kritisiert werden, war ein notwendiger Schritt. Daher ist E. M. ČUDINOV zuzustimmen, der bemerkt, daß „es nicht richtig wäre, die Konzeption der Absolutheit des Raumes und der Zeit (wenn man unter Absolutheit ihre Invarianz versteht) als fehlerhaft, metaphysisch, unvereinbar mit dem wirklichen Weltbild anzusehen. Diese Konzeption befindet sich im gleichen Verhältnis zur objektiven Welt wie die ganze klassische Physik und ihre Gesetze. Sie ist eine zulässige Idealisierung der Wirklichkeit und eine ihr angenäherte Widerspiegelung für Geschwindigkeiten, die vernachlässigbar klein im Verhältnis zur Lichtgeschwindigkeit sind. Sie ist für eine Situation brauchbar, bei der die Lichtgeschwindigkeit praktisch als unendlich angesehen werden kann".[4])

Wenn wir einzelne Thesen der klassischen Physik (absoluter Raum, absolute Zeit usw.) bewerten, müssen wir in Betracht ziehen, daß eine beliebige physikalische Theorie die Widerspiegelung eines historisch bestimmten, begrenzten Teiles der objektiven Realität ist, daß sich aber die Grenzen ihrer Anwendbarkeit nur aus einer allgemeineren physikalischen Theorie bestimmen lassen. Eine rein logische Ableitung der Ausgangsprinzipien ist ausgeschlossen. Deshalb löst sich die Frage nach der gegenständlichen Wahrheit, der Objektivität der Ausgangsprinzipien nicht über das logische Denken, sondern mit Hilfe der Praxis. Diese zeigte, daß den oben genannten Begriffen kein materielles Korrelat entspricht.

Die Entwicklung der wissenschaftlichen Theorien stellt eine dialektische Einheit von Kontinuität und Diskontinuität dar. Daher tritt in der Entwicklung der konkreten wissenschaftlichen Theorien die eine oder andere Seite dieser Einheit in den Vordergrund. In der Geschichte der Physik kann man (natürlich relativ) mehr oder weniger lange Perioden hervorheben, in deren Verlauf grundlegende Tendenzen der Entwicklung der Physik annähernd unveränderlich blieben. Dabei blieben die theoretischen Vorstellungen und auch das Schema zur Erklärung der experimentellen Fakten unverändert. Darin besteht die evolutionäre Seite des unaufhörlichen Progresses der physikalischen Erkenntnis, die durch Perioden der Diskontinuität, die als „Krisen" erscheinen, unterbrochen wird. Während dieser „Krisen" der methodologischen Grundlagen waren die Gelehrten genötigt, jene Ausgangsprinzipien in Zweifel zu ziehen, die bis dahin als unbestritten, unveränderlich galten, und neue einzuführen, die eine genauere Interpretation der physikalischen Erscheinungen gaben. Unter dem Einfluß neuer Fakten waren die Physiker gezwungen, nicht nur die Erklärungen dieser oder jener Beobachtungsresultate und die theoretischen Vorstellungen zu überprüfen, sondern auch den bisherigen Denkstil in Frage zu stellen. Sie mußten dann neue Wege für die Entwicklung der Physik suchen. Das ist die revolutionäre Seite in der Entwicklung der physikalischen Erkenntnis.

Der Beginn des XX. Jahrhunderts war für die Physiker eine dieser revolutionären Übergangsperioden. Das Auftreten der Relativitätstheorie und der Quantenphysik änderte die Ansichten der Physiker über die Natur und ihre Erkenntnis in grundlegender Weise. Die Relativitätstheorie kennzeichnete ihrerseits nicht nur den Beginn eines großen Umschwunges in der Physik, sondern auch in der Methodologie der Erkenntnis. Die von der Relativitätstheorie vorgenommene Überprüfung unserer Vorstellungen über Raum, Zeit und Bewegung erleichterte die kritische Analyse einer Reihe physikalischer Begriffe.

In diesem Zusammenhang ist es von Interesse, jene physikalischen Ideen zu analysieren, die unmittelbar zur Schaffung der speziellen Relativitätstheorie führten. Das ist deshalb der Fall, weil erstens dadurch das Verständnis des Inhaltes solcher fundamentalen physikalischen Begriffe wie Kausalität, Zustand, Änderung usw. im System der quantenmechanischen Beschreibungsweise und ihres Vergleiches mit dem Inhalt dieser Begriffe in der klassischen Mechanik erleichtert werden kann. Zweitens gibt es die Möglichkeit, die physikalischen Ausgangsprinzipien der speziellen Relativitätstheorie aufzuklären. Die Analyse dieses Problems kann zum physikalischen und philosophischen Verständnis der Wechselbeziehungen der Relativitätstheorie und der klassischen Mechanik beitragen.

Die Entwicklung der Relativitätstheorie steht auch als ein Beispiel für kontinuierliche Momente in der Entwicklung physikalischer Theorien. Diese Theorie kann man als direkte Fortsetzung vieler Ideen und Prinzipien der klassischen Physik und der Mathematik des XIX. Jahrhunderts ansehen. Die wichtigsten physikalischen Vorleistungen waren:

a) die Entwicklung der Variationsprinzipien der Mechanik (im Rahmen der Gesamtentwicklung der analytischen Mechanik);

b) die Entwicklung der nichteuklidischen Geometrie (in diesem Zusammenhang ist es charakteristisch, daß Gelehrte, die gegen die Grundprinzipien der Relativitätstheorie auftraten, auch gegen die Realität der Geometrie von LOBAČEVSKIJ und RIEMANN auftraten);

c) die Entwicklung der Wellenoptik, der Bewegungsgleichung der Wellenfront;

d) die Entwicklung der Elektrodynamik durch MAXWELL, HERTZ und LORENTZ.

Die Entwicklung der Elektrodynamik von MAXWELL bis LORENTZ war eine notwendige logische und historische Voraussetzung der Relativitätstheorie. Die Identität der mathematischen Formalismen reicht aber nicht aus, um die Identität der EINSTEINschen mit der LORENTZschen Theorie zu begründen.

In den genannten physikalischen Theorien und Prinzipien waren die Ideen der Relativität potentiell in Keimform enthalten, bestimmte Seiten der relativistischen Kinematik, die Wechselbeziehung von Raum und Zeit, das neue Additionstheorem der Geschwindigkeiten usw. Das bedeutet aber nicht, daß die spezielle Relativitätstheorie einfach die Ideen verallgemeinerte, die es in der klassischen Physik schon gab. Im Prozeß dieser Verallgemeinerung entstand eine Reihe grundlegend neuer, revolutionärer Ideen:

a) Die Verallgemeinerung des GALILEI-NEWTONschen Relativitätsprinzips und die Entdeckung des physikalischen Inhaltes der LORENTZ-Transformation.

Auf den ersten Blick scheint es, daß die Relativitätstheorie mechanisch das GALILEI-NEWTONsche Relativitätsprinzip der klassischen Mechanik auf eine Reihe neuer Erscheinungen übertrug. So sahen die Gegner der Relativitätstheorie die Beziehungen des Relativitätsprinzips der klassischen Mechanik und des Relativitätsprinzips der EINSTEINschen Theorie. In Wirklichkeit fand eine grundlegende, qualitative Überprüfung des alten Relativitätsprinzips statt. Das belegen nicht nur die unterschiedlichen mathematischen Grundlagen der Theorie — die GALILEI-Transformation und die LORENTZ-Transformation — sondern vor allem ihr physikalischer Inhalt. Die „klassischen" Positionen von LORENTZ und POINCARÉ schlossen die Möglichkeit einer richtigen physikalischen Interpretation der gefundenen mathematischen Transformationen aus. Die neue Interpretation der LORENTZ-Transformation führte EINSTEIN zu einer neuen physikalischen Theorie des Raumes und der Zeit.

b) Die Einführung der Konstanz der Lichtgeschwindigkeit im Vakuum, die die Struktur der Wechselbeziehung von Raum und Zeit widerspiegelt.

c) Der Nachweis der universellen Bedeutung der Abhängigkeit der Masse von der Bewegungsgeschwindigkeit.

d) Die Ausarbeitung der Grundlagen der neuen relativistischen Mechanik, ihrer Kinematik und Dynamik;

e) Die Enthüllung der inneren Verbindungen zwischen den Gesetzen der Erhaltung der Energie, der Masse und des Impulses.

Das gab die Möglichkeit, die Relativitätstheorie auch auf mikroskopische Prozesse anzuwenden.[5]) Die Relativitätstheorie bereitete in bedeutendem Maße die Entstehung der Quantenmechanik vor.[6])

Die Analyse der Entwicklung der Relativitätstheorie beweist die Haltlosigkeit der Behauptung, nach der die Relativitätstheorie eine isolierte Erscheinung innerhalb der Entwicklung des physikalischen Denkens darstellt. Versuche zur Lösung einiger von EINSTEIN gelöster Probleme wurden früher von führenden Physikern wie POINCARÉ, LORENTZ, MINKOWSKI und LANGEVIN unternommen. EINSTEIN unterstrich die Kontinuität der Ideen in der klassischen Physik und der Relativitätstheorie. So beantwortete er eine direkte Frage von SEELIG nach der Abhängigkeit seiner Arbeiten von den früher ausgeführten LORENTZschen Untersuchungen wie folgt: „Wenn man auf die vergangene Entwicklung der Relativitätstheorie blickt, so wird kein Zweifel daran bestehen, daß sie 1905 reif geworden war, zu erscheinen. LORENTZ wußte schon, daß die MAXWELLschen Gleichungen Transformationen entsprechen, die seitdem seinen Namen tragen, und POINCARÉ vertiefte diese Idee. Mir war die fundamentale Arbeit LORENTZ', die 1895 erschienen war, bekannt, doch die spätere Arbeit und die mit ihr zusammenhängende Untersuchung POINCARÉS kannte ich nicht. In dieser Hinsicht war meine Arbeit selbständig. Das Neue an ihr bestand in folgenden. Die LORENTZ-Transformationen werden hier nicht aus der Elektrodynamik erschlossen, sondern aus allgemeinen Vorstellungen."[7])

Der Brief ist nicht nur deshalb interessant, weil er eine klare Vorstellung über die Quellen der speziellen Relativitätstheorie gibt, sondern auch weil EINSTEIN in ihm die Rolle allgemeiner Erwägungen bei der Schaffung der Relativitätstheorie aufzeigt. Das Herangehen EINSTEINS an das gesamte Problem unterscheidet sich wesentlich von dem aller übrigen Forscher, die sich bis dahin mit dem Äther beschäftigt hatten. EINSTEIN suchte die Lösung der Schwierigkeiten nicht auf dem Wege seiner Vorgänger (Modifikation der Struktur des Äthers). Er kümmerte sich nicht darum (wie das POINCARÉ und LORENTZ taten), ob sich der Äther mit der Erde mitbewege und wie Erde und Äther miteinander wechselwirken. Vielmehr änderte er (unter Berücksichtigung aller vorhandenen negativen Resultate) die gesamte Problemsicht. Einstein analysierte die offensichtlichsten und fundamentalsten Begriffe der klassischen Mechanik — den Raum und die Zeit mit aller Strenge. Um einen Umschwung in den Auffassungen über Raum und Zeit herbeizuführen, waren für EINSTEIN eine tiefe „Analyse des Zeit- und Raumbegriffes und einige geistreiche Gedankenexperimente"[8]) erforderlich.

Das Neue, das durch die spezielle Relativitätstheorie geschaffen wurde, diente der Entwicklung einer neuen Physik, eines neuen physikalischen Weltverständnisses. Die Relativitätstheorie ist das Produkt eines langwierigen Erkenntnisprozesses. Sie stellt einen Ausweg aus jener

Sackgasse dar, in die die Physik zu geraten drohte. Einen anderen Ausweg gab es nicht, wie in den 30er Jahren L. M. Mandelštam in seinen Lektionen über die Relativitätstheorie unterstrich.[9])

So fand die spezielle Relativitätstheorie ihren Ausgangspunkt in der klassischen Mechanik, ist aber selbst ein Teil der neuen Physik.

I. E. Orlov kann man nicht voll zustimmen, wenn er feststellte: „Ungeachtet der kolossalen Erfolge der neuesten Physik, sehen wir nirgendwo einen prinzipiellen Bruch mit dem Vergangenen; die wichtigsten Ideen Newtons behalten auch bis zur heutigen Zeit ihre Bedeutung, wobei die Divergenz zwischen den Ideen Newtons und der modernen Physik eher scheinbar ist."[10])

I. E. Orlov unterstrich zu Recht, daß in der modernen Physik die Ideen Newtons nicht vollständig aufgegeben wurden, daß sie ihre Bedeutung behalten. Jedoch sah der Autor nicht jene qualitativen, revolutionären Umwälzungen, die sich in der neuen Physik, im physikalischen Weltverständnis vollzogen haben.

Für das richtige Verständnis der Ablösung einer physikalischen Theorie durch eine andere muß man Dialektik ins Spiel bringen: „... aber das Andere ist wesentlich nicht das leere Negative, das Nichts, *das als das gewöhnliche Resultat der Dialektik genommen wird*, sondern es ist das Andere des Ersten, das Negative des Unmittelbaren; also ist es bestimmt als das Vermittelte, — enthält überhaupt die Bestimmung des Ersten in sich. Das Erste ist somit wesentlich auch im Anderen *aufbewahrt* und *erhalten*. — Das Positive in *seinem* Negativen, dem Inhalt der Voraussetzung im Resultate festzuhalten, dies ist das wichtigste im vernünftigen Erkennen ...". W. I. Lenin bemerkte in den „Philosophischen Heften", diese Worte Hegels niederschreibend: „das ist sehr wichtig zum Verständnis der Dialektik".[11])

Zur Äußerung dieses wichtigen Sachverhaltes bedient sich die moderne Physik des Korrespondenzprinzips, das von N. Bohr auf halbempirischem Wege entdeckt wurde.

Eine solche Korrespondenz von „klassischer“ und „nicht-klassischer“ Physik stimmt sehr gut mit der bekannten These des dialektischen Materialismus von der absoluten Wahrheit als Summe relativer Wahrheiten überein. Charakteristisch ist in diesem Zusammenhang jener Fakt, daß die marxistischen Philosophen im Kampf für die materialistische Interpretation der Relativitätstheorie qualitative Aspekte des Korrespondenzprinzips bereits am Anfang der 20er Jahre nutzten. S. JU. SEMKOVSKIJ bemerkte beispielsweise, indem er für die Einheit der physikalischen Erkenntnis eintrat, daß „*Einstein* die hauptsächliche Beweiskraft seiner Formeln darin sieht, daß sie *in erster Näherung* die Formeln *Newtons* ergeben, die sie somit als Einzelfall enthalten“. Weiterhin weist S. JU. SEMKOVSKIJ auf die Richtigkeit eines solchen Prinzips in der Mathematik hin: „Ebenso verhält es sich auch mit der euklidischen Geometrie, die als erste Näherung ihre Wahrheit behält und auch weiterhin auf begrenzte Versuchsgebiete angewendet wird“.[12]) Mit der Entstehung der Quantenphysik wuchs die Rolle des Korrespondenzprinzips bedeutend. Seine erkenntnistheoretische Analyse wurde erforderlich. Der sowjetische Philosoph I. V. KUZNECOV zeigte, gestützt auf ein umfangreiches physikalisches und philosophisches Material, daß in den Grenzen der Physik dieses Prinzip nicht erklärt werden kann. Es muß seine Erklärung in der wissenschaftlichen Philosophie finden: „Eine solche Begründung kann das Korrespondenzprinzip auf der Basis der Erkenntnistheorie des dialektischen Materialismus und insbesondere auf der Grundlage der marxistisch-leninistischen Lehre über die absolute und relative Wahrheit erhalten“.[13])

So rückte die Bewegung der Erkenntnis selbst, insbesondere der Übergang von einem wissenschaftlichen Weltbild zu einem anderen, von einem Denkstil zu einem anderen, eines der grundlegenden erkenntnistheoretischen Probleme ins Zentrum der Aufmerksamkeit — das Problem der Wahrheit.

3.1. Das Problem der Wahrheit in den philosphischen Diskussionen um die Relativitätstheorie

K. LANCZOS führte in einem Buch, das den physikalischen und kosmologischen Ideen EINSTEINS gewidmet ist, A. SCHOPENHAUERS Gedanken an, daß die wissenschaftliche Wahrheit in ihrer Entwicklung drei Phasen durchläuft. In der ersten Phase wird sie einfach als absurd beiseite geschoben. In der zweiten Phase wird sie als mögliche Hypothese angesehen, die schon lange ausgesprochen worden war. In der dritten Phase wird diese wissenschaftliche Wahrheit dann als Selbstverständlichkeit aufgefaßt.[14]) Wenn heute die Grundlagen der Relativitätstheorie in die Schulprogramme eingegangen sind und die absolute Mehrheit der Gelehrten sie als offensichtlich ansieht, so befand sich die Relativitätstheorie in der hier betrachteten Periode im zweiten Stadium ihrer Entwicklung. Im Zusammenhang damit bemerkt K. LANCZOS richtig, daß „vor fünfzig Jahren die großartige spekulative Lehre Einsteins vielen als völliger Unsinn, reine Mystifikation vorkam, darauf ausgerichtet, den Physikern eine Fülle seltsamer Paradoxe zu bescheren".[15]) In der sich entfaltenden Diskussion über die Richtigkeit der Theorie spielten neben physikalischen und mathematischen vor allem logische und philosophische Argumente eine große Rolle. Als Richter traten ARISTOTELES und DESCARTES, SPINOZA und KANT, HUME und MACH auf. Mehr noch, die philosophischen Folgerungen der neuen Theorie berührten geistige Werte so tief, daß die Erforschung des Einflusses des gesellschaftlichen Denkens, der gesamten Kultur für die Herausbildung der neuen Ideen notwendig wurde. Beispielsweise wurde auch die Frage aufgeworfen, was der große russische Schriftsteller F. M. DOSTOEVSKIJ dem Begründer der Relativitätstheorie EINSTEIN bedeuten konnte. Er hatte festgestellt, DOSTOEVSKIJ gebe ihm mehr als jeder andere Denker, mehr als GAUSS.[16])

Das Problem der Wahrheit der Relativitätstheorie

reichte also weit über den Rahmen der unmittelbaren experimentellen Bestätigung der Theorie hinaus. Die experimentelle Überprüfung war zunächst wegen der Geringfügigkeit der relativistischen Effekte, der relativ kleinen Geschwindigkeiten u. a. Faktoren nur schwer realisierbar. In einer solchen erkenntnistheoretischen Situation gewannen die philosophischen Argumente eine besondere Bedeutung für die Bestätigung der Ideen der neuen Physik. Im Zusammenhang damit wurde die Frage nach der Wahrheit, dem wissenschaftlichen Charakter jener philosophischer Argumente aktuell, die die Gegner und die Anhänger der neuen Lehre anführten.

Einer der zentralen Punkte der marxistisch-leninistischen Wahrheitstheorie ist die These, daß die Erkenntnis einen historischen Prozeß der Bewegung von den relativen Wahrheiten zur absoluten Wahrheit darstellt. Die Erkenntnistheorie des dialektischen Materialismus betrachtet die Wahrheit nicht in ihrer Erstarrung, sondern als Prozeß der immer genaueren Widerspiegelung der Wirklichkeit durch das menschliche Bewußtsein „Vor ihr (der dialektischen Philosophie — K. D.) besteht nichts Endgültiges, Absolutes, Heiliges; sie weist von allem und an allem die Vergänglichkeit auf, und nichts besteht vor ihr als der ununterbrochene Prozeß des Werdens und Vergehens, des Aufsteigens ohne Ende vom Niedern zum Höhern, dessen bloße Widerspiegelung im denkenden Hirn sie selbst ist“.[17])

Die dialektisch-materialistischen Ideen von der objektiven Wahrheit, der Wechselbeziehung von absoluter und relativer Wahrheit standen im Zusammenhang mit den revolutionären Veränderungen in der theoretischen Physik wieder auf der Tagesordnung. Die Objektivität des Wissens wurde vor allem von jenen philosophischen Richtungen als Problem behandelt, die sich unmittelbar mit der theoretischen und methodologischen Begründung der neuen physikalischen Ideen beschäftigten. Deshalb ist das marxistische Verständnis des Problems der Wahrheit und die Kritik der idealistischen und metaphysischen Konzeptionen der Wahrheit eines der Zentralprobleme der Arbeit W. I. LENINS „Materialismus und Empiriokritizismus“.

Die erkenntnistheoretischen Prinzipien der Philosophie des Empiriokritizismus kritisierend, wies W. I. LENIN nach, daß die Frage nach der Wahrheit zwei Seiten hat: „1. Gibt es eine objektive Wahrheit, d. h. kann es in den menschlichen Vorstellungen einen Inhalt geben, der vom Subjekt unabhängig ist, der weder vom Menschen noch von der Menschheit abhängig ist? 2. Wenn ja, können dann die menschlichen Vorstellungen, die die objektive Wahrheit ausdrücken, sie auf einmal, vollständig, unbedingt, absolut oder nur annähernd, relativ ausdrücken? Diese zweite Frage ist die Frage nach dem Verhältnis zwischen absoluter und relativer Wahrheit“.[18])

An anderer Stelle unterstrich W. I. LENIN: „Vom Standpunkt des modernen Materialismus, d. h. des Marxismus, sind die *Grenzen* der Annäherung unserer Kenntnisse an die objektive, absolute Wahrheit geschichtlich bedingt, *unbedingt* aber ist die Existenz dieser Wahrheit selbst, unbedingt ist, daß wir uns ihr nähern. Geschichtlich bedingt sind die Konturen des Bildes, unbedingt aber ist, daß dieses Bild ein objektiv existierendes Modell wiedergibt“.[19]) Die angeführten klassischen Thesen drücken das Wesen des dialektisch-materialistischen Verständnisses der Wahrheitsproblematik aus. Sie wurden oft in der physikalischen und philosophischen Literatur der untersuchten Periode zitiert und dienten als methodologische Orientierung bei der Analyse der Übereinstimmung oder Nichtübereinstimmung der neuen theoretischen Konzeptionen der Physik mit der Wirklichkeit. Die Behauptung, daß unsere Erkenntnisse, beispielsweise der Gesetze der klassischen Mechanik, relative, angenäherte und nur für die Lösung eines bestimmten Kreises von Aufgaben geeignet sind, führte die marxistischen Philosophen nicht zur Ablehnung der objektiven Wahrheit der Erkenntnis, sondern zur Anerkennung der historischen Bedingtheit der Erkenntnisse. Die Gesetze dieser oder jener Wissenschaft nähern sich der objektiven Wahrheit an.

Die grundlegende Überprüfung der Postulate des klassischen Weltbildes (Unabhängigkeit der raum-zeitlichen Charakteristik vom Bewegungszustand des Systems, absolute Zeit u. a.) durch die spezielle und allgemeine Relativitätstheorie führte einige Naturforscher zu Gedankengängen, die dem philosophischen Konventionalismus und dem Relativismus nahe kamen. Dabei bildeten sich verschiedene Auffassungen heraus. Erstens sahen einige Physiker den bestehenden Unterschied in den philosophischen Ansichten als unwesentlich an und bemühten sich, die verschiedenen philosophischen Schulen zu versöhnen. So versuchte A. REY nachzuweisen, daß der Unterschied zwischen den Schulen MACHS und DUHEMS auf der einen Seite und den materialistischen Gelehrten auf der anderen unwesentlich sei.[20]) Aber DUHEM, MACH und ihre Anhänger gingen völlig anders als die materialistischen Physiker an die philosophische Grundfrage heran.[21])

Es ist charakteristisch, daß bedeutende Vertreter des modernen physikalischen Denkens diese wichtige philosophische Frage materialistisch beantworten. So formulierte A. EINSTEIN unmißverständlich: „Der Glaube an eine vom wahrnehmenden Subjekt unabhängige Außenwelt liegt aller Naturwissenschaft zugrunde".[22]) EINSTEIN bezweifelte die Möglichkeit der Erkenntnis der Gesetze der objektiven Realität nicht und wies gleichzeitig auf die Kompliziertheit und Unendlichkeit dieses Prozesses hin: „Da die Sinneswahrnehmungen jedoch nur indirekt Kunde von dieser Außenwelt bzw. vom ‚Physikalisch-Realen' geben, so kann dieses nur auf spekulativem Weg von uns erfaßt werden. Daraus geht hervor, daß unsere Auffassungen vom Physikalisch-Realen niemals endgültige sein können. Wir müssen stets bereit sein, diese Auffassungen, d. h. das axiomatische Fundament der Physik, zu verändern, um den Tatsachen der Wahrnehmungen auf eine logisch möglichst vollkommene Weise gerecht zu werden."[23]) So und in ähnlichen Formulierungen hat der Begründer des neuen physikalischen Weltverständnisses die grundlegende Ausgangsposition der Naturforscher bei der Lösung der wichtigsten erkenntnistheoretischen Fragen erfaßt. Solche philosophisch bedeutsamen Thesen werden (bewußt oder unbewußt) von jenen Philosophen geflissentlich übersehen, die EINSTEIN (und andere bedeutende Physiker) als Anhänger der positivistischen oder anderer idealistischer Schulen darstellen wollen.

Eine zweite Auffassung ging davon aus, daß die Relativitätstheorie den Ausschluß der Kategorie des „Absoluten" aus dem Lexikon der wissenschaftlichen Erkenntnis erfordere. Die Logik der Anhänger eines solchen Standpunktes war einfach:

a) Die klassische Mechanik geht von den Postulaten über die Existenz des absoluten Raumes, der absoluten Zeit und der absoluten Bewegung aus, sie operiert mit der absoluten Masse und universellen räumlichen und zeitlichen Charakteristika.

b) Die Relativitätstheorie beweist die Fehlerhaftigkeit dieser „Absoluta". Das bedeutet, die Wissenschaft, insbesondere die Physik und die gesamte Erkenntnistheorie, muß alle „Absoluta" aufgeben und darf zukünftig nur noch von „Relativem" ausgehen.

E. BOREL schrieb zum Beispiel in einem interessanten Buch über die Relativitätstheorie: „Wenn man ablehnt, das Wort *Absolutes* auszusprechen, — ein Wort, das aus der philosophischen Sprache vertrieben werden sollte, und wenn man es, wie *Poincaré* vorschlägt, durch einen bescheideneren *Ausdruck* ersetzt, *dem der Gelehrte praktisch die gleiche Bedeutung zuschreibt*, kann gesagt werden, daß die Auswahl der Bezugssysteme durch Galilei für die Mechanik besonders *bequem* war. Wir dürfen jedoch nicht vergessen, daß *Poincaré* es auch für bequem hielt, die Drehung der Erde um die Sonne anzunehmen und an die Existenz einer äußeren Welt zu glauben. Der Zweifel, der die Anwendung dieses bescheidenen Adjektives ‚bequem' voraussetzt ist folglich ein philosophischer Zweifel, aber kein wissenschaftlicher".[24])

So wurde die Kategorie „Absolutes" im wissenschaftlichen Sprachgebrauch verpönt. E. Borel zog in der angeführten Arbeit keine idealistischen Schlußfolgerungen aus seiner These, das „Absolute“ durch das „Bequeme“ zu ersetzen. Das taten aber Anhänger der verschiedenen subjektiv-idealistischen philosophischen Systeme, die die Kategorie „Absolutes“ aus dem Wörterbuch der Wissenschaft als metaphysische Vokabel angeblich unter dem Druck der Fakten, der Ergebnisse der Physik (der Relativitätstheorie) verbannten und nur noch die Kategorie „Relativität“ gelten ließen. Dabei wurde meist „Relativität“ unmittelbar mit Subjektivität verbunden und gleichzeitig psychologisiert.

Die Relativierung vieler Kategorien der Physik brachte Schwierigkeiten im Verständnis der Grundlagen der Physik, ihres Endziels. Sie verlangte Korrekturen an jenem einfachen Weltbild, das für die Physiker und für die Anhänger des naturhistorischen Materialismus gewohnt war. Charakteristisch sind in diesem Zusammenhang die Gedanken M. Borns: „Ein anderes Merkmal naturwissenschaftlicher Begriffsbildung (als erstes Merkmal bezeichnete M. Born das Prinzip der Objektivierung der Erkenntnis — K. D.) ist das Prinzip der Relativierung. Ein berühmtes Beispiel dafür hängt mit der Entdeckung der Kugelgestalt der Erde zusammen. Solange man glaubte, die Erde sei eine flache Scheibe, war die Richtung ‚oben→unten‘, die Vertikale an jedem Punkt der Erde, etwas Absolutes. Als man feststellte, die Erde sei eine Kugel, wurde die Vertikale die Richtung nach dem Mittelpunkt und daher verschieden für jeden Punkt der Erdoberfläche, also ‚relativ‘ zum Standpunkt des Beobachters. Die entsprechende allgemeine Frage hinsichtlich eines Punktes oder einer Richtung im Raum, oder eines Zeitpunktes im Ablauf der Zeit, wurde für die Naturwissenschaft von Newton formuliert und in seinen berühmten Axiomen beantwortet. Ihr Wortlaut läßt keinen Zweifel, daß er die Begriffe für etwas Absolutes hielt. Aber seine Bewegungsgleichungen widersprechen dem im gewissen Grade: es gibt verschiedene, äquivalente Bezugssysteme, die sich gegeneinander relativ bewegen und von denen doch jedes mit gleichem Recht als absolut ruhend betrachtet werden kann. NEWTONS Raum ist also nur in einem eingeschränkten Sinne absolut. Spätere Untersuchungen, besonders von elektromagnetischen und optischen Vorgängen, brachten andere, ernstere Schwierigkeiten der NEWTONschen Annahmen mit sich.

EINSTEIN durchbrach diese Hindernisse durch eine kritische Untersuchung der geläufigen Vorstellungen von Raum und Zeit. Er fand diese unbefriedigend und ersetzte sie durch bessere. Dabei ließ er sich durch die genannten Prinzipien naturwissenschaftlicher Forschung, Objektivierung und Relativierung leiten ...“.[25])

Ein solches Verständnis des Erkenntnisprozesses der physikalischen Gesetze der objektiven Realität wäre philosophisch befriedigend: a) wenn gezeigt würde, daß die Relativierung nicht identisch mit einer Subjektivierung ist; b) wenn dabei in Betracht gezogen würde, daß der Erkenntnisprozeß nicht nur durch eine Relativierung dieser oder jener physikalischer Begriffe charakterisiert ist, denen in einem bestimmten abgeschlossenen theoretischen System ein absoluter Charakter zukommt, *sondern auch durch die Einführung neuer absoluter Größen.* So ist in der Relativitätstheorie zusammen mit den relativierten Kategorien „Raum“ und „Zeit“ die absolute Größe „Raum-Zeit“ eingeführt. Jener Sachverhalt, daß die Relativität nicht identisch mit der Subjektivität ist, wäre nicht nur wegen der Möglichkeit idealistischer Deutungen zu unterstreichen, sondern auch deshalb, weil damit das Verständnis des Wesens der grundlegenden Kategorien Raum und Zeit vertieft werden könnte. Die fehlende bewußt materialistische Plattform brachte M. BORN im weiteren zu dem Zweifel, ob die Wissenschaft zur objektiven Wahrheit führen könne. „Im Jahre 1921 glaubte ich — und diese Überzeugung wurde von der Mehrzahl meiner wissenschaftlichen Zeitgenossen geteilt — daß die Physik zu einer objektiven Erkenntnis der von deterministischen Gesetzen beherrschten Welt führe. Die naturwissenschaftliche Forschungsmethode schien mir überlegen allen andern vom Subjekt abhängigen Betrachtungsweisen, Philosophie, Dichtung und Religion; und ich meinte sogar, daß die Sprache der Wissenschaft durch ihre Klarheit und Eindeutigkeit einen Schritt auf dem Wege zum besseren Verständnis der Menschen untereinander bedeute.

Im Jahre 1951 war von diesen Überzeugungen wenig übrig".[26])

Um den Charakter und die Quellen der Schwierigkeiten zu verstehen, die die Physiker in den 20er bis 30er Jahren antrafen, muß man auch soziologische Faktoren beachten. Der Übergang vom mechanistischen Weltbild zum elektrodynamischen ging in der Physik historisch etwa zu jener Zeit vor sich, als der Kapitalismus sein höchstes Stadium erreichte und zum monopolistischen Kapitalismus wurde. So fielen am Ende des XIX. und im ersten Viertel des XX. Jahrhunderts drei Faktoren zusammen, die Einfluß auf die Entwicklung der physikalischen und philosophischen Erkenntnis hatten: 1) die Herausbildung des Imperialismus und die erste erfolgreiche sozialistische Revolution; 2) die revolutionären Veränderungen vor allem in der Struktur der physikalischen Erkenntnis, die zu einem Zusammenbruch der Thesen der klassischen Physik führten; 3) der Wechsel von der metaphysischen Denkweise zur dialektischen.

Um die intellektuelle Atmosphäre in der Periode der Herausbildung der Grundlagen für ein neues physikalisches Weltverständnis der speziellen und allgemeinen Relativitätstheorie und der Quantenmechanik zu verstehen, muß man sich daran erinnern, daß die führenden Gelehrten des XVII.—XVIII. Jahrhunderts davon überzeugt waren, daß die Ausgangsthesen des mechanistischen Weltbildes absolut wahr seien und keinerlei Korrektur oder Präzisierung bedürfen. Als Physiker wußten sie natürlich, daß es noch einige nicht entdeckte Fakten, Erscheinungen gab. Aber im Prinzip zweifelten sie nicht an der Wahrheit der mechanistischen Konzeption der Welt. Die Physiker nahmen an, daß die Grundlagen ihrer Wissenschaft unerschütterlich als absolute Wahrheiten feststehen. Die Diskussionen und Widersprüche berührten Einzelheiten, Interpretationen einzelner Fakten. Das mechanistische Weltbild der Realität insgesamt blieb davon unberührt, einzelne seiner Züge wurden präzisiert, das Gebäude wurde vollendet.

Die moderne Physik hält nicht nur die Schaffung eines endgültigen mechanistischen Weltbildes, sondern überhaupt jedes abgeschlossenen, unveränderlichen physikalischen Weltbildes für ausgeschlossen. Die Lehren der Geschichte berücksichtigend, waren die Physiker genötigt, nicht nur die Behauptungen der klassischen Mechanik, sondern auch der Relativitätstheorie und der Quantenmechanik nicht als absolute Wahrheiten zu verstehen. In das physikalische Weltverständnis drangen mit Macht dialektische Ideen ein. Jede physikalische Theorie, jede physikalische Behauptung unterliegt dem weiteren Erkenntnisprozeß. Dieser Ausgangspunkt der Erkenntnistheorie des dialektischen Materialismus wird durch die Geschichte der Wissenschaft insgesamt und die Geschichte der Physik insbesondere gestützt. So hatte die Relativitätstheorie einen großen Einfluß auf das Vordringen dialektischer Ideen in das naturwissenschaftliche Denken. Dieser Einfluß besteht im engen Sinne darin, daß begonnen wurde, die Erscheinungen und die sie widerspiegelnden Begriffe, die als isolierte, absolut unabhängige und unveränderliche Begriffe angesehen wurden, in ihrem Zusammenhang und in der Entwicklung zu untersuchen. Im weiteren Sinne erleichterte die Relativitätstheorie das Eindringen des dialektischen Denkens dadurch, daß sie nicht nur die die Kategorien „Raum" und „Zeit" in Bewegung brachte, sondern auch solche Kategorien wie „Objektivität", „Wahrheit", „Absolutheit" der Erkenntnis. Außerdem traten unter dem Einfluß der Relativitätstheorie wieder die „alten" Fragen über Ziel und Sinn der wissenschaftlichen Erkenntnis sowie über das Wesen der Erklärung auf.

B. G. KUZNECOV verweist darauf, daß „die Relativitätstheorie und später die Quantenmechanik nicht nur die alten fundamentalen Gesetze durch neue ersetzten. Diese neuen Gesetze erhoben schon keinen Anspruch mehr auf eine endgültige Lösung der grundlegenden Probleme des Seins. HELMHOLTZ sah im XIX. Jahrhundert das höchste und endgültige Ziel der Wissenschaft in der Reduzierung des gesamten Weltbildes auf die Zentralkräfte der NEWTONschen Mechanik. Der moderne Physiker beabsichtigt nicht an Stelle dieses Zieles ein anderes ebenso endgültiges Ziel zu stellen. Eine solche viktorianische Illusion müßte wiederum scheitern. Die nichtklassische Physik, das ist das Gebäude, das nicht nur nach oben wächst, sondern sich auch bei der Erforschung der Fundamente entwickelt und folglich immer tiefer wird, ohne jemals endgültig abgeschlossen zu sein. Die menschliche Vernunft sah in diesem Sinne nicht nur ein neues Weltall, sondern sah sich selbst unter einem neuen Aspekt".[27]) Das Verständnis der philosophischen Bedeutung des neuen naturwissenschaftlichen Denkens begann mit den erkenntnistheoretischen Diskussionen der Kategorien „Gleichzeitigkeit", „Absolutes" und „Relatives". Auf die Überprüfung und Verallgemeinerung der Kategorien der klassischen Naturwissenschaft hatten verschiedene Faktoren Einfluß, darunter vor allem der Kampf der philosophischen Systeme, das materialistische und das idealistische Verständnis des Wesens der Kategorien, ihr progressiver bzw. reaktionärer Charakter und ihr dialektischer bzw. metaphysischer Charakter. So versuchten einige Autoren nachzuweisen, daß das Wesen der Theorie „darin besteht, daß wir nichts Absolutes verstehen können. Uns ist nur das Relative zugänglich, eine Behauptung, die dem religiösen Bewußtsein angenehm ist".[28]

Während der Autor der oben angeführten These ein Anhänger des philosophischen Relativismus war und in seinen Arbeiten zu gnoseologischen Fragen der Wissenschaft versuchte, seine Position mit der neuen Theorie zu rechtfertigen, so lehnten andere metaphysisch denkende

Naturforscher diese Theorie ab oder deuteten ihre Resultate subjektivistisch aus. Dabei unterschieden sie die gnoseologischen und die ontologischen Aspekte nicht, lehnten die objektive Relativität ab. Letzteres wurde dadurch erreicht, daß die Relativität der Gleichzeitigkeit, die Abhängigkeit der raum-zeitlichen Charakteristik vom Bezugssystem mit dem Beobachter, mit dem Bewußtsein des beobachtenden Subjektes verbunden wurden. In Wirklichkeit ist H. REICHENBACH zuzustimmen, daß im Prozeß der logischen Darstellung der Relativitätstheorie ein völliger Ausschluß des Beobachters möglich sei.[29]) Man kann ebenso folgerichtig zeigen, daß in der Relativität der Gleichzeitigkeit und in der Abhängigkeit der raumzeitlichen Charakteristik vom Zustand des Systems nichts Subjektives und Willkürliches besteht.

Eine solche Deutung der Resultate der neuen Physik vom Standpunkt des dialektischen Materialismus gab es in den Arbeiten der marxistischen Philosophen. S. JU. SEMKOVSKIJ bemerkte: „Die modernen philosophischen *Relativisten* sind natürlich vorsichtig, offen solipsistische Schlußfolgerungen zu ziehen; aber während sie formell die äußere Welt nicht ablehnen, geben sie diese de facto auf, indem sie die objektive Wahrheit zu einer Sache der ‚Vereinbarung', der ‚nützlichen' Übereinkunft erklären".[30])

Eine solche Interpretation der neuen Theorie gaben die Anhänger des Konventionalismus. H. POINCARÉ, beispielsweise nahm an, daß die Annahme oder Ablehnung der Relativitätstheorie von den Gewohnheiten abhängt. „Welcherart wird unser Verhältnis zu diesen neuen Vorstellungen sein? Zwingen sie uns, unsere Schlußfolgerungen zu ändern?" — fragte H. POINCARÉ und antwortete selbst: „Gewiß nicht. Wir haben eine Übereinkunft angenommen, weil sie bequem schien, und gesagt, daß nichts uns zwingen könnte, sie aufzugeben. Heute wollen manche Physiker eine neue Übereinkunft annehmen. Nicht, als ob sie dazu gezwungen wären; sie sind der Ansicht, daß diese Übereinkunft bequemer ist; das ist alles. Wer nicht dieser Ansicht ist, kann mit voller Berechtigung bei der alten bleiben, um sich nicht in seinen gewohnten Vorstellungen stören zu lassen."[31])

Die Fehlerhaftigkeit eines solchen Verständnisses der Notwendigkeit neuer Ideen ist offensichtlich. Bei einem solchen Herangehen steht überhaupt nicht die Frage nach den experimentellen Zwängen der eingeführten Vorstellungen. Das Element der Konvention, das natürlich in jedem theoretischen Lehrgebäude enthalten ist, wird so zu einem Ausgangsprinzip der Erkenntnis, zum Kriterium der Wahrheit oder Falschheit der Theorie gemacht. Mehr noch, das Problem, ob diese oder jene Theorie wahr oder nicht wahr ist, tritt bei einem solchen Herangehen in den Hintergrund und wird aufgehoben. Die Position H. POINCARÉS[32]) kritisierend, bemerkte S. JU. SEMKOVSKIJ richtig, daß „der Terminus ‚bequem' — äußerst gefährlich und sogar ein nichtssagender Terminus ist, falls man nicht annimmt, daß sich als ‚bequem' eben das erweist, was der objektiven Wirklichkeit entspricht".[33])

Das entscheidende Wort über die Wahrheit der neuen Vorstellungen über Raum, Zeit und Gravitation kam selbstverständlich den entsprechenden Experimenten zu. Deshalb wird die Diskussion des Problems der Wahrheit unmittelbar durch die Analyse der experimentellen Grundlagen des Theorie fortgesetzt.

3.2. Die erkenntnistheoretische Analyse der Lorentz'schen Kontraktionshypothese und die Relativitätstheorie

Auch vor der Entstehung der Relativitätstheorie wurde bekanntlich versucht, das negative Resultat des MICHELSON-Versuches (1881) und des MICHELSON-MORLEY-Versuches (1887) zu erklären. Davon ist die LORENTZsche Kontraktionshypothese am bekanntesten geworden. Gegner der neuen relativistischen Mechanik, insbesondere A. A. MAKSIMOV, A. K. TIMIRJAZEV u. a. waren bemüht, besonders diese Hypothese zu nutzen.

Zu Beginn der 20er Jahre behauptete A. A. MAKSIMOV:

„Die Relativitätstheorie Lorentz-Fitzgerald geht bei der Erklärung der erwähnten negativ verlaufenen Experimente (Michelson-Moreley -- K. D.) von der Hypothese aus, daß sowohl die Längenmaßstäbe als auch der Gang der Uhren von ihrer Bewegungsgeschwindigkeit mit dem Beobachter abhängt. Diese Annahme ist natürlich und stimmt mit der materialistischen Weltanschauung überein. Sie erhielt in den Arbeiten Einsteins und anderer Relativisten nicht nur eine weitere Entwicklung, ... sondern vor allem anstelle einer materialistischen Interpretation eine idealistische ... Aus dieser idealistischen Einstellung entspringt ... der Lärm, der den Namen Einsteins begleitet. An die wahren Schöpfer der Relativitätstheorie, Lorentz und Fitzgerald, erinnern sich — und das auch nur ungenügend — lediglich noch die Spezialisten ..." Die Schlußfolgerung A. A. Maksimovs bestand darin, daß „die Hypothese von Lorentz und Fitzgerald das negative Resultat des Michelson-Versuchs zur Bestimmung der Geschwindigkeit der Erde relativ zum Äther des Weltraumes erklärte und nach wie vor erklärt".[34])

Erinnern wir uns zuerst, worin das Wesen der Hypothese von Lorentz und Fitzgerald besteht. Nach Lorentz verkürzt sich ein Körper der Länge l im Resultat seiner Bewegung um die Größe $\sqrt{1 - v^2/c^2}$ und erhält somit die neue Länge $l_1 = l\sqrt{1 - v^2/c^2}$, wobei c die Lichtgeschwindigkeit und v die Geschwindigkeit des Körpers relativ zum unbeweglichen Äther sind. Analog wird auch der Begriff der Verlangsamung der Zeit eingeführt („lokale Zeit"). Dieser Hypothese liegt die physikalische Idee von der wirklichen Verkürzung (Kontraktion) der Körper und der Verlangsamung des zeitlichen Prozesses infolge einer Veränderung der elektromagnetischen Kräfte des Körpers zugrunde, die nicht von der Struktur des sich bewegenden Objektes, sondern von seiner Geschwindigkeit abhängt. Mit seiner Hypothese wollte H. A. Lorentz[35]) eine befriedigende physikalische Interpretation des Michelson-Morley-Versuchs geben, wobei er an der

Existenz des absolut unbeweglichen Äthers als selbstverständliche Voraussetzung festhielt. Später nutzte A. EINSTEIN bei der Schaffung seiner Theorie die LORENTZ-Transformationen. Dieser Fakt — die Identität des mathematischen Apparates — wurde von antirelativistisch eingestellten Physikern zugunsten der Hypothese von LORENTZ und FITZGERALD gedeutet. S. JU. SEMKOVSKIJ wies deshalb richtig darauf hin: „Da *Einstein* die gleichen *Lorentzschen* Transformationsformeln anwendet, unterscheiden viele nicht ausreichend klar die Relativitätstheorie Einsteins und den Standpunkt von Lorentz, der im wesentlichen der Relativitätstheorie diametral entgegengesetzt ist, denn *Lorentz setzt einen absolut unbeweglichen Äther* voraus, in dem die *absolute Bewegung der Körper* sich vollzieht."[36])

Die Gegner der Relativitätstheorie schlossen aus der Identität des mathematischen Apparates auf die Überlegenheit der physikalischen Theorie von LORENTZ gegenüber den abstrakten Behauptungen EINSTEINS. Einige Gegner der Relativitätstheorie in der UdSSR fügten dem hinzu, daß auch die philosophische Plattform des holländischen Gelehrten der EINSTEINschen überlegen sei. Nur deshalb, behaupteten die Antirelativisten, weil LORENTZ ein Materialist sei, EINSTEIN hingegen ein Idealist, fände die Relativitätstheorie eine solche Resonanz in der Physik und in der Philosophie. Eine derartige Bewertung der philosophischen Ansichten beider Physiker, wie sie beispielsweise A. K. TIMIRJAZEV vorgenommen hat, muß man als fehlerhaft zurückweisen.

Die wissenschaftliche Tätigkeit H. A. LORENTZ' begann in der Periode des Triumphes der mechanistischen Weltanschauung. Vom Standpunkt der Mechanik wurden viele Erscheinungen der Physik, der Atronomie, der Chemie und der Naturwissenschaft insgesamt gedeutet. Die Realisierung eines allgemeinen philosophischen und physikalischen mechanistischen Programmes wurde von LORENTZ in bezug auf das Licht und die Elektrizität fortgesetzt. Der speziell in der Physik für die Befreiung von der actio in distans eingeführte lichtführende Äther wurde bei solchen Vorgängern von LORENTZ wie HUYGENS, FRESNEL, MAXWELL, THOMSON, die er als seine Lehrer ansah, zu einer physikalischen Realität. Die Molekulartheorie, die kinetische Gastheorie, die mechanische Wärmetheorie u. a. wurden zu Dämonen der mechanistischen Weltvorstellungen. Diese „Allmacht" der Mechanik führte am Ende des XIX. und noch zu Anfang des XX. Jahrhunderts bei vielen Gelehrten zum Festhalten an Vorstellungen über die unbegrenzten Möglichkeiten der mechanistischen Methode, die man höchstens geringfügig zu modifizieren bereit war. Die innere Überzeugung von der prinzipiellen Möglichkeit der Erklärung aller Erscheinungen der Natur mit Hilfe der mechanistischen Vorstellungen gab die Mehrzahl der Opponenten gegen die neue Etappe innerhalb der Physik — O. LODGE, H. LORENTZ, W. WIEN, V. F. MITKEVIČ, A. K. TIMIRJAZEV, N. P. KASTERIN und andere — bis zum Ende ihrer wissenschaftlichen Tätigkeit nicht auf.

Diese erkenntnistheoretische mechanistische Einstellung bestimmte ihre Einschätzung bei der Beurteilung von Schwierigkeiten, die in der Physik an der Wende des XIX. zum XX. Jahrhundert auftraten. Die Beschränktheit der mechanistischen Methodologie trat besonders bei dem Versuch, das negative Resultat des MICHELSON-MORLEY-Versuchs zu erklären, zutage. Diese Frage spielte für H. A. LORENTZ eine bedeutende Rolle. Während er die Ideen FRESNELS über die Natur des Äthers teilte, versuchte LORENTZ die Widersprüche zwischen der Theorie FRESNELS und dem Resultat MICHELSONS zu beseitigen. Dabei verzichtete er im Unterschied zu FRESNEL auf alle Vorstellungen über die Mitführung des Äthers durch die sich bewegenden Körper. LORENTZ stellte seine Kontraktionshypothese auf.

Diese Forschungsrichtung führte zu dem mathematisch bedeutsamen Resultat der nach ihm benannten Transformationen. Sie hatte aber auch einen entscheidenden methodologischen Mangel. Erstens ist die LORENTZsche

Hypothese über die reale Verkürzung sich bewegender Körper in Richtung ihrer Bewegung physikalisch nicht nachprüfbar. Zweitens, und das ist vom erkenntnistheoretischen Standpunkt aus besonders wichtig, handelt es sich bei der Kontraktionshypothese, wie mehrfach in der physikalischen und philosophischen Literatur bemerkt wurde, um eine ad-hoc-Hypothese.

Paradoxa im Rahmen der existierenden Theorie, im gegebenen Fall der Elektrodynamik; Fakten, die in einem bestimmten theoretischen System unerklärbar sind, führen zur Bildung einzelner, unabhhängiger theoretischer Behauptungen, eigenständiger „Inselchen" in einem Gesamtsystem der Erkenntnis. Die Bildung solcher Unstimmigkeiten schafft in folgendem Sinne die Möglichkeit zur Entwicklung einer neuen Theorie. Erstens sagt das Vorhandensein unerklärbarer Fakten oder Paradoxa etwas über den Zustand der existierenden Theorie aus, die damit möglicherweise an die Grenze der Anwendbarkeit ihrer Idealisierungen gestoßen ist. Deshalb sind solche unerklärbaren Fakten eine notwendige Quelle für die Entwicklung der Theorie. Zweitens ermöglicht das Auftreten derartiger Widersprüche im existierenden System der Erkenntnis, neue Fragen im Rahmen des alten Begriffssystems zu stellen.

Diese Situation, in der die Einheit des existierenden Systems untergraben wird, die Einführung einer Vielzahl von speziell für den gegebenen konkreten Fall ausgedachter Korrekturen erforderlich wird, nötigt dazu, nach einer neuen Theorie zu suchen, in der es keine Widersprüche gibt und die neue Gesamtheit der Fakten von einem einheitlichen Standpunkt aus erklärt wird. Dabei erhält die bekannte Gesamtheit der Erscheinungen eine tiefschürfendere natürliche Erklärung. In einer solchen Situation „ist es außerordentlich wesentlich, klarzustellen, wonach man in den Termini der gegebenen Sprache fragen kann (beispielsweise ob man in der Quantenmechanik fragen kann, welche Trajektorie ein Teilchen hat)".[37]) Diese Frage zwingt 1) das gesamte

Begriffssystem der existierenden Theorie einer logisch-erkenntnistheoretischen Analyse zu unterziehen; 2) unterstützt sie die Lösung verschiedener philosophischer Aspekte des Problems, weil damit bereits das Wesen der zukünftigen Theorie berührt wird und hebt sie den psychologisch begründeten Anflug der Unfehlbarkeit bisheriger Feststellungen auf.

Im betrachteten Fall war der Schritt von Lorentz sehr natürlich. Aber die Hypothese, die von ihm aufgestellt wurde, vergrößerte die Zahl der Axiome, die die Basis der physikalischen Erkenntnis bilden. Deshalb ist die Relativitätstheorie erkenntnistheoretisch vorzuziehen. Diese Theorie erklärt jenen Kreis von Fragen besser und zwangloser als die Konzeption von Lorentz. Dieses Argument stützte die Notwendigkeit der neuen Vorstellungen über Raum, Zeit und Gravitation. Das wurde von V. G. Fesenkov 1925 unterstrichen: „Für die Bestätigung der Relativitätstheorie ist nicht so sehr ihre völlige Übereinstimmung mit der Wirklichkeit in diesen oder jenen Einzelfällen wichtig, als vielmehr ihre Fähigkeit, eine möglichst große Zahl verschiedenartiger Erscheinungen zu erfassen, als vielmehr die Möglichkeit, die Summe von Ungereimtheiten zwischen dem beobachteten Weltbild und jenem, das wir uns theoretisch zeichnen, zu verringern“.[38])

Der wichtige methodologische Vorzug der Relativitätstheorie besteht darin, daß sie im Unterschied zur Konzeption von Lorentz Bewegungsgesetze einführt, ohne dabei zu ausgedachten Hypothesen über den Aufbau und das Verhalten der Elektronen Zuflucht zu nehmen. Deshalb verdient die Theorie Einsteins erkenntnistheoretisch den Vorzug. Sie schließt die Notwendigkeit der Einführung privilegierter Koordinatensysteme in Form des Äthers aus, ist in sich besser strukturiert und logisch klar. In ihr folgt die Verkürzung des sich bewegenden Körpers aus den Ausgangsprinzipien der Theorie. Lorentz anerkannte die Künstlichkeit seiner Hypothese; indem er feststellte, daß einer solchen Einführung von Hypothesen für jedes neue Resultat natürlich eine gewisse Künstlichkeit eigen sei. Die Situation wäre auch für ihn befriedigender, wenn es gelänge, mittels bestimmter grundlegender Annahmen zu zeigen, daß viele elektromagnetische Erscheinungen streng, d. h. ohne Vernachlässigung von Gliedern höherer Ordnung, von der Bewegung des Systems unabhängig sind.[39])

Vom methodologischen Standpunkt stellt die Theorie der Elektronen, in deren Rahmen LORENTZ die relativistischen Probleme löste, einen Kompromiß zwischen den neuen Ideen der Feldtheorie und den klassischen Vorstellungen der NEWTONschen Mechanik dar. Diese Seite des Problems unterstrichen auch marxistische Philosophen. N. M. GESSEN hob richtig hervor: „Die Annahme von Lorentz (über die Verkürzung der Körper — K. D.) ist keine Annahme, die sich auf allgemeine prinzipielle Erwägungen gründet. Die Hypothese über die Verkürzung der Körper in Richtung ihrer Bewegung ist eine spezielle Annahme für die Erklärung des negativen Resultates des Michelson-Versuches".[40]) LORENTZ selbst stand seiner Hypothese viel kritischer gegenüber als zahlreiche Physiker und Philosophen, die mittels verschiedener Argumente bestrebt waren, die klare, anschaulich-mechanistische Vorstellung über die Verkürzung von Körpern und die Verlangsamung der Zeit zu erhalten.

Die Gegenüberstellung der philosophischen Ausgangspositionen von EINSTEIN und LORENTZ hat heuristische Bedeutung. Sie gestattet es, die Forschungen bis zu pilosophischen Verallgemeinerungen zu führen. Die theoretische Analyse des MICHELSON-MORLEY-Versuches durch H. A. LORENTZ vermittelt eine Vorstellung von den Schwierigkeiten physikalischen und philosophischen Charakters, mit denen die Physiker zu Beginn des XX. Jahrhunderts konfrontiert waren.

Dem wissenschaftlichen Schaffen der Mehrzahl der Naturforscher, darunter auch LORENTZ, liegt die Anerkennung der Realität der Außenwelt und die Anerkennung der Möglichkeit ihrer Erkenntnis zugrunde.[41]) Dabei ging

LORENTZ im wesentlichen von der Widerspiegelungstheorie aus. Er verstand die Kompliziertheit des Widerspiegelungsprozesses: „Ich bediene mich hier vorsätzlich solcher vorsichtiger Ausdrücke wie ‚widerspiegeln‘ und entsprechen‘. Gleichzeitig fühle ich sehr gut, daß wir es hier mit zwei Dingen verschiedener Natur zu tun haben (er betrachtete materielle und ideelle Erscheinungen — K. D.) oder zwei völlig verschiedenen Formen, in denen ein und dasselbe Ding sich zeigt. Jedoch diese zwei Dinge, wie verschiedenartig sie auch sein mögen, können auf unauflösliche Weise verbunden sein“.[42])

Die Analyse der physikalischen und philosophischen Arbeiten dieses Gelehrten zeigt, daß er im wesentlichen metaphysisch-materialistische Positionen vertrat. Er blieb im Prinzip bei überholten klassischen, vorrelativistischen physikalischen Vorstellungen. Wie L. DE BROGLIE bemerkte, „hielt er es für das beste, auf das Postulat der Relativität zu verzichten und die Gesetze der Relativität als zufällige Übereinstimmungen mit der Wirklichkeit anzunehmen, ohne auf die Hypothese eines substantiellen Trägers der Lichtwellen und damit auf ein privilegiertes Bezugssystem zu verzichten. Er hegte die Hoffnung, daß mit der Zeit eine bessere als die Einsteinsche Grundlage dieses mathematischen Begriffsapparates gefunden werden würde, die besser mit den Begriffen der klassischen Physik übereinstimmt“.[43])

Aus der Anerkennung der neuen physikalischen Theorien durch die Mehrzahl der Gelehrten wurden keine radikalen Schlußfolgerungen für die philosophische Bedeutung gezogen, die zur Überprüfung der klassischen Idealisierungen führte. 1913 bemerkte H. A. LORENTZ: „Wie dem auch sei, aber diese Theorie (die Theorie des unbewegten Äthers — K. D.) ist in ausreichendem Grade hoffnungsvoll und befriedigt mich völlig, denn sie zwingt nicht zu irgendeiner radikalen Überprüfung unserer Vorstellungen“.[44]) Diese Bemerkung ist für die Denkweise der Gelehrten charakteristisch, deren Weltanschauung sich vor der Revolution in der Physik herausbildete. So verhielten sich viele bekannte Physiker der älteren Generation zur neuen Theorie: J. THOMSON, W. NERNST, O. LODGE, F. LENARD u. a. Die Umgestaltung der atomistischen Theorie der Elektrizität und der traditionellen Denkweise, die sich auf die starre Determination gründete, beunruhigte diese Gelehrten. Im Gespräch mit A. F. JOFFE sagte H. A. LORENTZ beispielsweise: „Ich habe die Überzeugung verloren, daß meine Arbeit zu einer objektiven Wahrheit geführt hat, und ich weiß nicht, wofür ich gelebt habe; ich bedaure nur, daß ich nicht vor fünf Jahren gestorben bin, als mir alles noch klar erschien".[45])

In der modernen physikalischen und philosophischen Literatur werden wieder Versuche unternommen, die Notwendigkeit der LORENTZschen Deutung der LORENTZ-Transformation zu begründen. Eine solche Position vertritt beispielsweise der bekannte ungarische Physiker L. JANOSSY. Ohne den physikalischen Aspekt in den Überlegungen von L. JANOSSY zu analysieren,[46]) muß dazu eine methodologisch-erkenntnistheoretische Bemerkung gegemacht werden. Es geht um das Verständnis der Rolle des Beobachters in der Relativitätstheorie. „Die Überlegenheit des Lorentz-Prinzips besteht" — nach Meinung von L. JANOSSY — „darin, daß es bei seiner Anwendung keine Notwendigkeit zu verworrenen idealistischen Überlegungen darüber gibt, was der Beobachter sieht oder tut".[17]) Ein solches Herangehen vermengt verschiedene Aspekte des Problems: Die Frage nach der Wissenschaftlichkeit, der physikalischen Wahrheit des EINSTEINschen Relativitätsprinzips mit der Frage nach der Möglichkeit seiner idealistischen Interpretation. Und das ist unzulässig.

Die Geschichte der modernen Physik zeugt erstens davon, daß der heuristische Wert der Philosophie oft nur bei der Lösung fundamentaler Probleme betont wird, die den Denkstil, das Wesen und die Bewertung von Theorien, ihre Bestimmung und ihren Sinn grundlegend verändern, jedoch bei der Lösung einzelner Teilfragen nicht gesehen wird. Zweitens zeugt diese Geschichte davon, daß die Gelehrten leichter auf konkrete einzelwissenschaftliche Thesen verzichten als auf bestimmte philosophische Prinzipien, die die Grundlage ihrer wissenschaftlichen Tätigkeit bilden. Philosophische Prinzipien bilden sich im Verlauf einer langen Periode heraus, auf ihrer Grundlage werden Resultate erzielt, die das Vertrauen in diese erkenntnistheoretischen und weltanschaulichen Überzeugungen festigen. Auf diese Weise bilden sich philosophische Prinzipien nicht nur unter dem Einfluß eines Wissenschaftszweiges heraus, sondern auch anderer theoretischer Prinzipien, eingeschlossen Wertungen, die von den herrschenden allgemeinphilosophischen Ideen bestimmt sind. Der Charakter dieser Ideen ist letztendlich sozial bestimmt und hängt in wesentlicher Weise vom Charakter der herrschenden Klassen, von den Interessen und Bedürfnissen dieser Klasse ab. Deshalb wird oftmals die Aufgabe solcher philosophischer Prinzipien als persönliche Tragödie aufgefaßt und einer Absage an die Wissenschaft gleichgestellt. Das erklärt die Tatsache, daß Naturforscher leichter auf die Interpretation einzelner Fakten verzichten, sogar einzelne physikalische Theorien leichter aufgeben als philosophische Prinzipien.

Einige Naturforscher und die Mehrzahl der Vertreter der idealistischen Philosophie betrachteten die Überprüfung der Grundlagen der Wissenschaft („allgemeine Zerstörung der Prinzipien“ nach H. Poincaré) einseitig und warfen verschiedene Stufen des realen Erkenntnisprozesses durcheinander. Dabei stellten sie einzelne Glieder des Erkenntnisprozesses einander metaphysisch gegenüber. Besonders scharf stellte sich das Problem des objektiven Gehalts der mathematischen Symbole und Gleichungen im Zusammenhang mit der sich fortsetzenden Mathematisierung des Wissens und das Problem des wissenschaftlichen Verständnisses der Dialektik von Absolutem und Relativem in der Periode des Wechsels verschiedener naturwissenschaftlicher Weltbilder.

3.3. *Die erkenntnistheoretischen Quellen des „physikalischen“ Idealismus und die Diskussionen zu philosophischen Problemen der Physik*

Am Beginn der Revolution in der Naturwissenschaft zeigte W. I. LENIN in „Materialismus und Empiriokritizismus“, daß es verschiedene Ursachen für idealistische Tendenzen in der Wissenschaft gibt, soziale und erkenntnistheoretische. Insbesondere sah W. I. LENIN erkenntnistheoretische Quellen für den „physikalischen“ Idealismus im Mathematisierungsprozeß der physikalisch-theoretischen Forschung und in der Unkenntnis der Dialektik des Erkenntnisprozesses. Durch die theoretischen und experimentellen Entdeckungen der Wissenschaft nach Erscheinen dieses LENINschen Werkes wurde die Rolle dieser Faktoren keineswegs gemindert. Sie verstärkte sich vielmehr. Diese Entdeckungen bestätigten die Richtigkeit des LENINschen Herangehens an die Wissenschaft.

W. I. LENIN hatte im wesentlichen jene Faktoren untersucht, die eine entscheidende Bedeutung bei der Überprüfung der fundamentalen Thesen der klassischen Physik erhielten. Solche Begriffe wie der klassische LAPLACEsche Determinismus, Zustand des Systems, Trajektorie, Teilchen usw. wurden neu gefaßt. Die Mathematik selbst begann eine besondere, unschätzbare Rolle beim Aufbau des neuen Gebäudes der Physik (und der wissenschaftlichen Erkenntnis überhaupt) zu spielen. Sie verwandelte sich aus einem Mittel zur Berechnung in ein Mittel zum Eindringen in das Wesen der Mikro- und Megawelt. Die weitere Entwicklung unserer Erkenntnisse demonstrierte die Wichtigkeit einer methodologisch richtigen Lösung des Problems der Mathematisierung.

Der sowjetische Philosoph S. F. VASILEV kritisierte jene Mathematiker, die künstliche Annahmen als Lösung der gesamten Bewegungsproblematik ansahen und die wegen der geometrisch und mathematisch zufriedenstellenden Form ihres Lehrgebäudes die Wirklichkeit zu geometrisieren trachteten.[48]) I. A. BORIČEVSKIJ beispielsweise meinte, daß die moderne Mathematik eine Wissenschaft über die Vielfalt des Denkens sei. „Ihr Sinn besteht darin, daß sie eine bedingt-deduktive Wissenschaft ist, völlig unabhängig von Existenzfragen im allgemeinen ...".[49]) Ein solches Verständnis des Gegenstandes der Mathematik allein war für diesen Autor wissenschaftlich und materialistisch. Das Fehlen einer unmittelbaren Verbindung zwischen mathematischen Theorien und dieser oder jener naturwissenschaftlichen Disziplin, die die Sprache der Mathematik in operationale Bestimmungen übersetzt, wurde als ausreichende Bestätigung für die Behauptung von der völligen Unabhängigkeit des Gegenstandes der Mathematik und des Gegenstandes der Physik und die absolute Gegenüberstellung der objektiven Realität mit dem Gegenstand der mathematischen Erkenntnis angesehen.

So war das Problem des Gegenstandes der mathematischen Theorie und seiner Beziehung zur objektiven Realität in diesen Jahren besonders scharf gesellt. Die Mathematik verwandelte sich in ein unersetzliches methodologisches Mittel bei der Entwicklung der Wissenschaft, insbesondere der Naturwissenschaft. Die Sprache der Mathematik half, die Gesetzmäßigkeiten der Natur besser auszudrücken. Während der Wissenschaftler die Erscheinungen analysiert, stellt er Hypothesen als mathematische Schemata auf und operiert dann weiter mit diesem Schemata, ohne an einer kategorialen Interpetation des mathematischen Schemas interessiert zu sein. Oft werden bei der Deutung der mathematischen Formeln intuitiv die Einschränkungen aufgehoben, die ihnen durch ihre Voraussetzungen auferlegt sind. Ein lehrreiches Beispiel für eine solche direkte Objektivierung der mathematischen Gleichungen stellte eine Arbeit von P. A. FLORENSKIJ dar, der gleichzeitig als Elektrotechniker, Physiker, Mathematiker und ... Theologe auftrat. P. A. FLORENSKIJ interpretierte das Postulat der Relativitätstheorie über die Lichtgeschwindigkeit im Vakuum als Grenzgeschwindigkeit: „Was bedeutet eigentlich die Grenzgröße $3 \cdot 10^{10}$ cm/s? Das bedeutet ganz und gar nicht, daß Geschwindigkeiten gleich oder größer c (Lichtgeschwindikgeit — K. D.) unmöglich sind, sondern lediglich, daß dort völlig neue, bislang unvorstellbare, wenn man so will, im KANTschen Sinne transzendente, unserer irdischen Erfahrung nicht zugängliche Lebensbedingungen herrschen.“[50]) Die Behauptung, daß die Geschwindigkeit des sich bewegenden Systems kleiner als die Lichtgeschwindigkeit sein muß, sieht der Autor als irdische Erfahrung an. P. A. FLORENSKIJ unterstellt den mathematischen Möglichkeiten, die sich aus den LORENTZ-Transformationen ergeben, auf seine Weise einen physikalischen Sinn. Beispielsweise für $v = c$ (wobei v — die Geschwindigkeit des sich bewegenden Körpers, c — die Lichtgeschwindigkeit) schreibt er: „... folglich wird an der Grenze von Erde und Himmel (d. h. dort wo $v = c$ — K. D.) die Länge des ganzen Körpers gleich Null, die Masse unendlich und seine von außen betrachtete Zeit — unendlich. Anders gesagt, der Körper verliert seine Ausdehnung, geht in die Ewigkeit über und erhält die absolute Stabilität. Ist das nicht, in physikalischen Termini ausgedrückt, die Kennzeichnung der Ideen Platos — körperloser, nichtausgedehnter, unveränderlicher, ewiger Wesenheiten? Sind das nicht die reinen aristotelischen Formen? Ist das nicht das Heer des Himmels — von der Erde aus als Sterne gesehen, jedoch bar aller irdischen Eigenschaften?“[51]) Dies zu kommentieren, kann man sich sparen.

Die Deutung mathematischer Formeln der naturwissenschaftlichen Theorie erfolgt immer in einem bestimmten Gegenstandsbereich. Die unmittelbare Identifizierung des mathematischen Schemas und der Gesetzmäßigkeiten der objektiven Welt ist eine Objektivierung des Zeichens, der Formel. Ein solcher Prozeß der absoluten Vereinigung von Modell (mathematischem Schema) und Wirklichkeit, führte in den betrachteten Jahren zu philosophisch fehlerhaften Folgerungen. Typisch ist die Deutung des Ausspruchs von H. Minkowski, der 1908 erklärte: „Die Anschauungen über Raum und Zeit, die ich Ihnen entwickeln möchte, sind auf experimentell-physikalischem Boden erwachsen. Darin liegt ihre Stärke. Ihre Tendenz ist eine radikale. Von Stund an sollen Raum für sich und Zeit für sich völlig zu Schatten herabsinken, und nur noch eine Art Union der beiden soll Selbständigkeit bewahren."[52]) H. Minkowski arbeitete einen exakten mathematischen Apparat für die spezielle Relativitätstheorie aus und zeigte die prinzipiell existierende Wechselbeziehung von Raum und Zeit. Das bedeutete, daß Gegenstand unserer Wahrnehmung immer Ort und Zeit sind, die miteinander verbunden sind. Niemand nahm die Zeit anders als an einem bestimmten Ort wahr und niemand nahm den Ort anders wahr als zu einer bestimmten Zeit.[53]) Diese These wurde durch Physiker und Philosophen so gedeutet, daß Raum und Zeit für sich genommen keinen Sinn haben und eines auf das andere rückführbar sei. Die Wechselbeziehung wurde als Identität interpretiert. Der Raum wurde vollständig auf die Zeit zurückgeführt, die Zeit verlor ihre Besonderheiten und wurde auf den Raum zurückgeführt. Raum und Zeit wurden in der Raum-Zeit vereint. Das führte zur Aufgabe der Spezifik der Existenzformen der Materie. So beispielsweise schrieb A. Gaaz: „Die Physik ist nichts anderes als die in eine andere Sprache übersetzte Geometrie der vierdimensionalen Mannigfaltigkeit, die kraft unserer Interpretation in Raum und Zeit zerfällt".[54]) „Die Welt *Minkowskis,* die als Arena der physikalischen Ereignisse angesehen wird, ist die Erfüllung der Bestimmung der Ewigkeit, die durch *Thomas von Aquin* gegeben ist: die Ewigkeit nannte er ‚nunc stans' (das gegenwärtig Vorherrschende)".[55])

Die Gegner der Relativitätstheorie und der Quantenmechanik nutzten die komplizierter werdende Struktur der physikalischen Theorien, den Rückgang an Anschaulichkeit und die Unmöglichkeit, die Objekte der physikalischen Theorien als mechanische Modelle zu verstehen. Es gab zwei entgegengesetzte Tendenzen bei der Einschätzung der weiteren Mathematisierung in den naturwissenschaftlichen Theorien des XX. Jahrhunderts. Die erste ging in die Richtung einer Objektivierung der mathematischen Symbole, des gesamten mathematischen Apparates. Die zweite sah im mathematischen Apparat einen reinen Formalismus ohne inhaltliche Funktion. Das war der Standpunkt der Gegner der Relativitätstheorie (A. K. Timirjazev, V. F. Mitkevič). Dabei verglich beispielsweise V. F. Mitkevič die Forschungsweisen in den Arbeiten Faradays und Maxwells, in denen die Mathematik entweder Hilfsmittel oder lediglich für zahlenmäßige Berechnung von Belang war. Mitkevič bemerkte die sich verändernde Funktion der Mathematik. In den neuen physikalischen Theorien wurde nur noch das Endresultat physikalisch interpretiert, wohingegen in den Arbeiten Faradays und Maxwells allen mathematischen Behauptungen ein physikalischer Sinn zukam. In einer solchen Situation liegt die entscheidende Bedeutung für die Lösung des Problems der Wahrheit einer Theorie nicht in der Strenge und dem logischen Aufbau des mathematischen Apparates, sondern in der experimentellen Überprüfbarkeit der physikalischen Resultate. Dabei spielt die allgemeine philosophische Plattform des Gelehrten keine untergeordnete Rolle. Die genannten Physiker kamen nicht zuletzt auf Grund ihrer philosophischen Gesamtauffassung zur Ablehnung der neuen Theorien. Sowjetische Gelehrte, besonders Physiker, zeigten nicht nur die Haltlosigkeit eines solchen Herangehens, sondern nahmen selbst aktiv an der Ausarbeitung des mathematischen Apparates der neuen Theorie teil (A. A. Friedman, V. A. Fok, I. E. Tamm, L. D. Landau u. a.).

Das Wachsen der heuristischen Rolle des mathematischen Apparates verlangte erkenntnistheoretische Erklärungen. Die Logik in der Entwicklung des physikalisch-mathematischen Denkens und die Notwendigkeit des Kampfes mit vereinfachenden und idealistischen Tendenzen zwang die marxistischen Philosophen, sich ernsthaft mit der Frage nach der Rolle und dem Platz der Mathematik in der Erkenntnis und bei der Erklärung der Gesetze der objektiven Wirklichkeit zu beschäftigen. Unter diesem Gesichtspunkt ist die Arbeit S. I. Vavilovs von großem Interesse, der den Problemen der Methodologie und Erkenntnistheorie des naturwissenschaftlichen Forschungsprozesses immer große Aufmerksamkeit schenkte. Seine Belesenheit und der breite philosophiehistorische Horizont gestatteten ihm, dialektisch-materialistische Ansichten über das Wechselverhältnis von Philosophie und Physik in verschiedenen Perioden ihrerer Geschichte und die Rolle mathematischer Hypothesen in der Erkenntnis mit umfangreichen theoretischen und experimentellen Belegen begründet vorzubringen. Einen erkenntnistheoretisch interessanten Gedanken sprach S. I. Vavilov über die Rolle des mathematischen Apparates im Prozeß des tieferen Erfassens der Gesetzmäßigkeiten der Wirklichkeit aus: „Die Mathematik sagt die Richtung experimentellen Suchens voraus, aber behauptet nicht von selbst deren Richtigkeit. Dazu ist es erforderlich, einen neuen Versuch durchzuführen. Die experimentelle Kontrolle ist in noch höherem Grade aber für die folgenden Stadien der mathematischen Extrapolation erforderlich, die sehr oft in der modernen theoretischen Physik angewendet wird.“[56])

Im Unterschied zum begrenzten Empirismus und Praktizismus der Gegner der neuen physikalischen Theorien, die die heuristische Rolle der Mathematik ablehnten (A. K. Timirjazev, V. F. Mitkevič), stellte S. I. Vavilov fest: „Viele Zweige der Mathematik, wie beispielsweise die nichteuklidische Geometrie, die Tensorrechnung, die Gruppentheorie, die zunächst völlig abstrakte mathematische Theorien zu sein schienen, erhielten in der modernen Physik eine tiefe Bedeutung ... Die Verbindung von Mathematik und Physik ist deshalb völlig notwendig, besonders eng und fruchtbringend“.[57]) In diesem Zusammenhang wies S. I. Vavilov auch erstmalig auf den Zusammenhang der Methode der mathematischen Hypothese und des Korrespondenzprinzips von Bohr hin.

In der zweiten Hälfte der 30er Jahre verstärkte sich im Zusammenhang mit der Quantenmechanik der Kampf zwischen den verschiedenen Richtungen in der Physik und der Philosophie. Die philosophische Analyse der Struktur der physikalischen Erkenntnis war in zwei miteinander verbundenen Richtungen erforderlich. Erstens war es notwendig, die Rolle und Bedeutung jener Komponenten der physikalischen Theorie zu klären, die nicht über ein materielles Analogon in der Realität verfügen. Es ging also um „die Spezifik des physikalischen Objektes“, um das Problem der „physikalischen Realität.“ Dem waren in den 30er Jahren einige Arbeiten A. Einsteins auf der einen und N. Bohrs auf der anderen Seite gewidmet. Zweitens galt es Ansprüche des philosophischen Idealismus zurückzuweisen, der versuchte, die immer kompliziertere Struktur der physikalischen Erkenntnis für die Verteidigung seiner Position zu nutzen.

S. I. Vavilov stellte fest, daß „die Widersprüchlichkeit vieler Thesen der modernen Physik, ihre Abstraktheit und die Notwendigkeit ... mathematischer Hypothesen viele, sogar bedeutende Forscher zu offenen idealistischen ... Konzeptionen führte“.[58])

Die Physik ist ein geeignetes Objekt zur Untersuchung der inneren Struktur und Entwicklung wissenschaftlicher Erkenntnis. Seit der Relativitätstheorie und der Quantenmechanik durchlief sie einen solchen Entwicklungsweg, dessen Analyse einzelne, für die gesamte wissenschaftliche Erkenntnis charakteristische Züge zutage fördert. Die Entwicklung der Physik von Galilei bis heute führte zu einer immer komplizierteren Wechselbeziehung von Experiment und Theorie, zu komplizierteren Strukturen der Theorie und der Wissenschaft insgesamt.

Die Schaffung eines theoretischen Systems, das eine bestimmte Gesamtheit von Erscheinungen charakterisiert, die nicht in die bis dahin existierende theoretische Konzeption hineinpaßt, stellt formal die Bildung einer neuen wissenschaftlichen Theorie dar. Im Laufe der Zeit finden sich Fakten, die aus der Sicht der existierenden physikalischen Theorie unerklärbar sind. Das führt zu Hypothesen zur Erklärung der neuen Fakten. Eine solche Hypothese hat experimentelle und theoretische Begründungen und versucht eine Gesamtheit experimenteller Daten und theoretische Behauptungen zu vereinigen. Aus der Vielfalt existierender Arbeitshypothesen wird eine ausgewählt (oder es wird eine neue aufgestellt), der nach Meinung des Forschers fundamentaler Charakter zukommt. Die ausgewählte Hypothese wird dann in das System wissenschaftlicher Erkenntnisse integriert. Genauer gesagt, werden vom Standpunkt der aufgestellten Hypothese die bekannten Fakten und Gesetze überprüft. Dabei kommt es vor, daß der Kern der aufgestellten Hypothese unverändert bleibt, aber das Problem neu formuliert wird.

Die Entwicklung der Physik ist wie auch jeder andere Entwicklungsprozeß eine dialektische Einheit von Kontinuität und Diskontinuität. Dabei lösen sich in der Physik relativ abgeschlossene theoretische Systeme fortlaufend ab. In der Physik, der Astronomie und anderen naturwissenschaftlichen Disziplinen existieren einige abgeschlossene Begriffssysteme. So geht beispielsweise die Quantenmechanik asymptotisch in die klassische Mechanik über. Die relativistische Mechanik ihrerseits geht bei kleinen Geschwindigkeiten in die Mechanik Newtons über. Eine solche Abgeschlossenheit findet ihre Begründung in der Tatsache, daß jede wissenschaftliche Theorie nicht die objektive Realität insgesamt widerspiegelt, nicht die gesamte Wirklichkeit als Ganzheit erfaßt, sondern jeweils nur einen bestimmten, endlichen, abgesonderten Bereich der materiellen Welt. Deshalb sind jeder Aufgabenstellung immer bestimmte Beschränkungen auferlegt. Letztere werden durch die Voraussetzungen der Aufgaben und die Postulate bestimmt, die der Theorie zugrunde liegen. Dabei taucht folgendes Problem auf: Einerseits weiß man, daß alle Erscheinungen der Natur im universellen Zusammenhang stehen. Andererseits löst der Forscher eine konkrete Aufgabe nur, wenn er lediglich einen ausgewählten materiellen Bereich untersucht. Das erfordert die relative Isolierung dieses Bereiches, die Aussonderung der grundlegenden, wesentlichen Beziehungen, die dem gegebenen Objekt eigen sind.

So isolieren wir, wenn wir eine Theorie schaffen, ihr Objekt von anderen Erscheinungen. Deshalb ist dieser Prozeß immer eine bestimmte Vereinfachung. Diese Isolierung hilft, ein widerspruchsfreies System von Behauptungen aufzubauen. Ohne eine solche Vereinfachung wäre der Erkenntnisprozeß unmöglich. Die Möglichkeit der unbegrenzten Erkenntnis der objektiven Wirklichkeit wird in jedem gegebenen Moment teilweise realisiert. Die Unbegrenztheit des Erkenntnisprozesses bedeutet seine Begrenztheit in jedem einzelnen Moment: „Der Mensch kann die Natur nicht als *ganze*, nicht vollständig, kann nicht ihre ‚unmittelbare Totalität‘ erfassen = widerspiegeln = abbilden, er kann dem nur *ewig* näher kommen, indem er Abstraktionen, Begriffe, Gesetze, ein wissenschaftliches Weltbild usw. usf. schafft“.[59])

Die Isolierung ist relativ und zeitgebunden. Jene Beziehungen, von denen wir zunächst nur abstrahierten, die wir früher als unwesentlich angesehen haben, machen sich irgendwann bemerkbar und zwingen dazu, eine neue Theorie aufzubauen, die diese Beziehungen berücksichtigt. Das ist eine der Ursachen, warum eine Theorie keinen unendlichen Anwendungsbereich hat und auch nicht haben kann. Diese sich gegenseitig ausschließenden und gegenseitig ergänzenden Momente erfordern, daß die Frage nach dem Kriterium der Anwendbarkeit der Folgerungen aus der Theorie in verschiedenen Bereichen gestellt wird. Somit kommen wir zum Problem der Abgeschlossenheit einer Theorie, die das Verhalten eines physikalischen Systems erklärt.

In der klassischen Mechanik wird die Abgeschlossenheit des dynamischen Systems durch die Erhaltung der Teilchenzahl, das Fehlen von äußeren Kräften und Reibungskräften gewährleistet. In der Quantenmechanik erfordert die Realisierung einer genauen räumlichen Begrenzung des Systems die Einführung einer unendlich hohen Potentialbarriere. Letzteres experimentell zu verwirklichen ist unmöglich.

Und so kann man, wenn die Logik des Aufbaus naturwissenschaftlicher Theorien betrachtet wird, feststellen: jedes naturwissenschaftliche System isoliert aus der unendlichen Zahl von Beziehungen und Abhängigkeiten, bestimmte, streng begrenzte, abgeschlossene, lokalisierte Beziehungen, Verhältnisse und Abhängigkeiten. Deshalb erreicht die wissenschaftliche Theorie in ihrer Entwicklung eine Grenze und muß sich qualitativ ändern. Dieser Umstand mahnt das wissenschaftliche Denken zur Vorsicht bei der Anwendung einer Theorie bzw. Teiltheorie im gesamten materiellen Bereich und verweist auf die Fehlerhaftigkeit der Aussprüche einiger Theorien, ewige, absolute Wahrheit zu verkörpern.

Beim Übergang von einem theoretischen System zu einem anderen, das offensichtliche Paradoxien nicht mehr enthält und mehr oder weniger befriedigend die Gesamtheit der Fakten erklärt, ändert sich der Charakter der Wechselbeziehungen der Postulate der „alten" und der „neuen" Theorie. Bis dahin sind die Postulate der „alten" Theorie im Rahmen des gegebenen Systems unerklärbar. Im nachfolgenden theoretischen System werden die alten Postulate im Rahmen der neuen Theorie erklärt. Innerhalb der neuen Ausgangsidealisierungen sind sie schon keine Postulate mehr. Bis dahin aber (d. h. bis zur Schaffung des neuen theoretischen Systems) werden sie als inhaltlich wahr angesehen. Wenigstens ist es möglich, das Gegenteil mit den existierenden Methoden zu beweisen. Der weitere Gang der physikalischen und philosophischen Entwicklung klärt die Möglichkeit von Ausgangsidealisierungen. Anfangs wurde nicht verstanden, daß die angenommenen Postulate das Wesen der Idealisierung einer Theorie ausmachen. Diese Bemerkungen beziehen sich nicht zuletzt auch auf Kategorien wie Raum, Zeit und Relativität.

Es gibt verschiedene Allgemeinheitsgrade von Aussagen (Postulate, Prinzipien, Gesetze), die den modernen physikalischen Theorien zugrunde liegen. Wenig ausgearbeitet sind die Unterscheidbarkeitskriterien von Postulaten, Axiomen, Prinzipien und Gesetzen. Die Grenzen eines abgeschlossenen theoretischen Systems werden durch einen Sprung in der Entwicklung gesprengt. Dieser Sprung auf ein neues theoretisches Niveau geht nicht automatisch vor sich. Ihn zu realisieren ist eine Fähigkeit erforderlich, die man „disziplinierte Intuition“ nennen könnte. Auf der Grundlage der unerschütterlichen Kenntnisse von Fakten, der experimentellen Daten, ist der Gelehrte verpflichtet, alle möglichen Wege mit einer Kühnheit einzubeziehen, die fähig ist, die Grenzen der alten Ideen zu zerstören. Dabei ist die Kontinuität in bezug auf bekannte und bewährte physikalische Gesetze notwendig. Das Ziel der Forschung ist die Enthüllung und Lösung des Grundwiderspruchs, der das Auftreten einer neuen Theorie erforderlich macht. Die Enthüllung des Wesens dieses Grundwiderspruches, der die Anwendbarkeit der Ausgangsbegriffe einschränkt, begünstigt auch seine Lösung. Die neue Theorie muß neue experimentelle Fakten voraussagen und die bis dahin bekannten Fakten zwangloser und besser erklären als die alte.

Die Sprengung von Grenzen des gegebenen theoretischen Systems geht nicht willkürlich vor sich und ist nicht von den vorausgehenden Forschungen isoliert. Sie vollzieht sich in Wechselbeziehung mit deren Ergebnissen. Die wissenschaftliche Erkenntnis entwickelte sich von Anfang an in die Tiefe und in die Breite. Jede neue wissenschaftliche Theorie liefert bessere Erklärungen als die vorhergehende und schließt neue Fakten in sich ein, wobei vom Standpunkt der alten Theorie unverständliche experimentelle Daten erklärt werden. Kraft der materiellen Einheit der Welt existiert ein Zusammenhang zwischen den im gegebenen Bereich untersuchten Objekten und folglich auch ein Zusammenhang zwischen den entsprechenden theoretischen Systemen.

Auf welche Weise geht nun die Überwindung der Grenzen einer existierenden Theorie vor sich, wenn sich in ihr Widersprüche zeigen oder ein bedeutsamer Fakt gefunden wird, der nicht in die bisherige Theorie hineinpaßt? Das erfolgt über eine Auswahl intuitiv aufgestellter Behauptungen. Gesucht wird die wahrscheinlichste von ihnen. Es gilt „zu probieren, wieder und wieder zu probieren, wobei die Vielfalt der *Versuche* so gestaltet wird, daß keine günstige Möglichkeit außer acht gelassen wird (um das Problem zu lösen – K. D.)".[60]) Dabei schließen die aufgezeigten Wege einander nicht aus, sondern ergänzen sich. Diesem ganzen Prozeß liegt die Kenntnis des Gegenstandes zugrunde. Das Wissen diszipliniert das Denken, zwingt mit den Fakten zu rechnen, mit der Logik des Denkens. Aber die Logik kann keine experimentelle Überprüfung aller Möglichkeiten, aller hypothetischen Behauptungen fordern, die theoretisch eine unendliche Menge darstellen. Und hier wird die Intuition, die Einbildungskraft des Gelehrten von Bedeutung, die den Weg zur Wahrheit verkürzen, die helfen, aus allen Hypothesen die den Bedingungen der Aufgabe adäquadeste auszuwählen.

Wodurch wird die Entstehung der neuen Ideen determiniert? Ist dieser Prozeß überhaupt determiniert?

Die Kompliziertheit des Erkenntnisprozesses, die sich auch in den Gesetzen der Wissenschaft, insbesondere der Physik widerspiegelt, die sich eines komplizierten mathematischen Apparates bedient, hat wenig gemeinsam mit der sinnlich wahrnehmbaren realen Welt. Die „Vergrößerung" des Abstandes zwischen sinnlicher Welt und den Gesetzen der Physik, die Kompliziertheit des benutzten Zeichen- und Symbolapparates, mit dem oft physikalische Interpretationen operieren, schuf die Ansicht, daß die Gesetze der Natur nicht von der Natur selbst abhängen, sondern vielmehr freie Erfindungen des denkenden Geistes seien. So schreibt beispielsweise ein bekannter amerikanischer Kosmologe: „Die Gesetze der Natur sind einfach fundamentale Postulate, die der Theorie zugrunde liegen, und müssen als freie Schöpfungen des menschlichen Geistes angesehen werden.“[61])

Diese Behauptung kann dann materialistisch interpretiert werden, wenn man annimmt, daß der Gelehrte bei der Erforschung der Gesetze der Natur erstens frei in der Wahl der Sprache ist (wenn man unter Sprache die mathematische, physikalische usw. versteht), und daß er zweitens die Bedingungen seiner Aufgabe frei wählt und daß er schließlich frei einen bestimmten Aufbau der Theorie wählt, d. h. Begriffe, um seine Ideen auszudrücken. Aber diese Freiheit ist wenigstens von zwei Seiten her eingeschränkt. Erstens hängt sie von der Natur ab, von jenen objektiv existierenden Zusammenhängen, die im System der mathematischen, physikalischen oder anderen Begriffe widergespiegelt werden. Zweitens ist die Freiheit auf jeder Entwicklungsetappe durch das erreichte Niveau der Erkenntnis, den existierenden Begriffsapparat prinzipiell begrenzt. Deshalb kann man mit P. V. Kopnin übereinstimmend sagen, daß „die geschaffenen Begriffe und allgemein der logische Apparat, zweifellos die Freiheit des Denkens einschränken, das so oder so mit ihnen in Einklang stehen muß. Jedoch gereicht diese Einschränkung der Freiheit dem Denken zum Vorteil, denn das wichtigste ist nicht die Freiheit um der Freiheit willen, sondern die Freiheit, die zu einem objektiv wahren Resultat führt, zur Schaffung neuer wissenschaftlicher Begriffe“.[62]) Und hier bei der Auswahl des Weges der Forschung und der Lösung der Probleme spielen die Gesetze und Kategorien der wissenschaftlichen, materialistischen Dialektik die wichtigste Rolle, die die Erfolge des wissenschaftlichen Denkens in ihren Begriffen akkumuliert und deshalb entscheidende metheodologische Bedeutung hat. Darauf wies A. Einstein indirekt hin: „Philosophische Verallgemeinerungen müssen auf wissenschaftliche Forschungsergebnisse gegründet werden. Sind sie allerdings einmal formuliert und genießen sie allgemeine Anerkennung, so beeinflussen sie sehr häufig ihrerseits wieder die weitere Entwicklung des wissenschaftlichen Denkens, dadurch daß sie eine der zahlreichen denkbaren Möglichkeiten des Vorgehens aufzeigen.“[63])

4. Die philosophische Analyse der Postulate der Relativitätstheorie

4.1. Postulate der Relativitätstheorie

Die sowjetischen marxistischen Philosophen verteidigten, wie schon erwähnt, die Relativitätstheorie EINSTEINS in der ersten Periode hauptsächlich gegen ihre idealistischen undreligiösen Interpreten. Sie traten gleichzeitig gegen ihre Ablehnung durch einige Vertreter des mechanistischen Materialismus auf.

Unter den Arbeiten der marxistischen Philosophen der 20er Jahre zu philosophischen Fragen der Relativitätstheorie EINSTEINS muß man besonders die Forschungen des schon genannten Mitgliedes der Akademie der Wissenschaften der UdSSR S. JU. SEMKOVSKIJ hervorheben.[1]) Sie haben als eine der ersten (und gelungenen) konkreten Anwendung der Prinzipien des Marxismus-Leninismus auf die Analyse der Relativitätstheorie außergewöhnlichen Wert. Mit denjenigen, die die Interpretation der Relativitätstheorie durch S. JU. SEMKOVSKIJ „Energetismus“ nennen,[2]) kann man sich nicht einverstanden erklären.

Schon auf der 1. Allunionskonferenz der Gesellschaft der streitbaren Materialisten wurde richtig unterstrichen, daß „die moderne Naturwissenschaft durch ihre besten Vertreter die Ideen der Mechanisten widerlegt und objektiv ... die Position der Dialektik unterstützt. Das trifft auch ..., wie in der marxistischen Literatur von S. Semkovskij gezeigt wurde ..., auf das Relativitätsprinzip Einsteins zu“.[3]) Die Arbeit von S. JU. SEMKOVSKIJ „Dialektischer Materialismus und Relativitätsprinzip“ wurde von Physikern positiv bewertet. Insbesondere O. D. Chvolson analysierte diese Arbeit S. Ju. Semkovskijs gründlich. Er schrieb, daß er die Gewohnheit habe, skeptisch an Bücher heranzugehen, in denen Nichtspezialisten physikalische Fragen, insbesondere die neuen und schwierigen Fragen behandeln. Um so größer war seine Freude, als er „mit dem vortrefflichen Buch S. Ju. Semkovskijs" bekannt wurde. „Die größte Verwunderung ruft die außerordentliche Belesenheit des Autors hervor, seine Kenntnis der vielseitigen, theoretischen, experimentellen und philosophischen Literatur zur Relativitätstheorie und den letzten Arbeiten zur Überprüfung der Voraussagen dieser Theorie ..." Er sprach von dem „gewaltigen Einfühlungsvermögen", vom „richtigen Verständnis" der kompliziertesten Fragen, die vom Autor in seiner Arbeit aufgeworfen werden.[4]) Gleichzeitig begrüßte O. D. Chvolson begeistert die neue Ausgabe der Arbeit von A. A. Golcmann, der als einer der ersten sowjetischen Philosophen das Problem des Wechselverhältnisses der neuen physikalischen Theorie mit dem dialektischen Materialismus in den Artikeln „Angriff auf den Materialismus" und „Einstein und der Materialismus" betrachtete. Resümierend kam er zu der Schlußfolgerung: „Es ist Sache der Physiker und Mathematiker, diese oder jene Einzelheit am Gebäude Einsteins zu berichtigen. Für uns war es wertvoll, die philosophische, d. h. allgemeine Bedeutung seiner Theorie zu erfahren. Selbst ein flüchtiger Blick zeigte, daß sie die materialistische Weltanschauung, und zwar den dialektischen Materialismus vollständig unterstützt."[5])

Beim Nachweis der inneren Einheit der philosophischen Thesen des dialektischen Materialismus über das Wechselverhältnis von Materie und Bewegung und der neuen physikalischen Theorie über Raum, Zeit und Gravitation operierten die sowjetischen Philosophen mit den klassischen Werken der Begründer des Marxismus, vor allen Dingen mit denen F. Engels und W. I. Lenins, die den methodologischen Problemen der naturwissenschaftlichen

Erkenntnis große Aufmerksamkeit gewidmet hatten. So wurde die These F. ENGELS darüber, daß die Bewegung die Existenzweise der Materie und daß der Zustand absoluter Ruhe eine der leeren und abstrakten Vorstellungen ist, von A. A. GOLCMAN genutzt, um die methodologische und philosophische Einheit der Relativitätstheorie mit dem Materialismus zu zeigen, der keine Materie ohne Bewegung kennt.[6]) A. A. GOLCMAN zeigte richtig, daß in den allgemein weltanschaulichen Ansichten F. ENGELS sogar den neuen physikalischen Thesen über Raum, Zeit und Gravitation zuvorkommt: „Engels stellte die zu seiner Zeit moderne Physik in ihrer ganzen Begrenztheit dar, die die Elemente der Materie zwar als bewegte Größen im Raum erfaßte, aber sie nicht als Träger innerer Bewegungsprozesse betrachtete. Nach seiner Meinung ist die Vorstellung vom Stoff, in dem sich das Licht ausbreiten und den es bekanntlich in der Natur nicht gibt, unvermeidlich an unsere Vorstellungen gebunden, nach der die Ursache der Bewegung allein mechanische Kräfte sind. In Wirklichkeit ist die mechanische Kraft nur eine der Spielarten der Bewegungsformen".[7])

In einer anderen Arbeit bewies A. A. GOLCMAN die Notwendigkeit der Anerkennung der neuen Theorie EINSTEINS, wobei er sich insbesondere auf das fünfte Kapitel von W. I. LENINS „Materialismus und Empiriokritizismus stützte.[8]) Die ersten Erwägungen der philosophischen Aspekte der neuen Theorie waren also im allgemeinen durch eine richtige Linie gekennzeichnet.

Bis zur Schaffung der philosophischen Zeitschrift „Unter dem Banner des Marxismus" wurden die Artikel und Rezensionen, die der Relativitätstheorie gewidmet waren, vor allem in naturwissenschaftlichen Zeitschriften veröffentlicht. So wurden in der Zeitschrift „Uspechi fizičeskich nauk", die seit dem Jahre 1918 herausgegeben wird, Artikel, Referate und Rezensionen veröffentlicht, die die Objektivität der von der Relativitätstheorie aufgedeckten Gesetze hervorhoben. Die Arbeiten eines der ersten sowjetischen Gelehrten, A. A. FRIEDMANS, zur allgemeinen Relativitätstheorie, die in jenen Jahren fertiggestellt wurden, gingen in den goldenen Fond der Weltwissenschaft ein. Ein anderer bekannter sowjetischer Physiker, V. K. FREDERIKS, schrieb 1921, indem er die neue Theorie EINSTEINS gegen verschiedene Formen subjektiv-idealistischer Interpretationen verteidigte, die von einer Überbetonung der Rolle des Beobachters ausgingen: „Wenn die Auswahl des Koordinatensystems willkürlich ist, wie beschreibt man dann mit seiner Hilfe die Natur? Auf welche Weise erhält man Resultate, die nicht von der erlaubten Willkür abhängen? Es ist doch völlig klar, daß die Gesetze der Natur von dieser unabhängig sind. Die Antwort drängt sich von selbst auf: *Wenn die Gesetze der Natur nicht von unserer Willkür abhängen, müssen sie unabhängig von dem durch uns ausgewählten Koordinatensystem sein*“.) S. JU. SEMKOVSKIJ schrieb: „ Mit dem Wort ‚Beobachter‘ spielen, wie es Genosse Timirjazev tut, bedeutet, ... den Idealismus mit dem Materialismus zu verwechseln ... Wenn Einstein von verschiedenen ‚Beobachtern‘ spricht, dann können die Rolle solcher Beobachter bei ihm objektiv registrierende physikalische Geräte erfüllen, aber die Struktur des Raumes wird nach Einstein nicht durch die Eigenschaften des erkennenden Subjektes bestimmt, sondern durch die Eigenschaften der objektiven Welt — den sich bewegenden materiellen Massen“.[10])

Diese dialektisch-materialistische Interpretation der Rolle des „Beobachters“ in der Relativitätstheorie war zu einem Zeitpunkt der Aktivierung des subjektiven Idealismus besonders wertvoll. Sie war unmittelbar gegen jene Interpretationen des raum-zeitlichen Intervalls ds in der Relativitätstheorie gerichtet, in denen der objektive Gehalt dieser Größe negiert wurde. S. JU. SEMKOVSKIJ verteidigte schon damals A. EINSTEIN gegen ungerechtfertigte Beschuldigungen, daß er behauptete, die Erde sei unbeweglich und die Sonne bewege sich um die Erde, man mit dem gleichen Recht aber auch das

Gegenteil annehmen könne. Das darf man nach S. Ju. Semkovskij „in keiner Weise in jenem Sinne ausdeuten, daß er vorschlägt, zu Ptolämeus zurückzukehren. Während der Diskussion in Paris wurde gegen Einstein dieser Einwand vorgebracht. Es wurde sogar darauf hingewiesen, daß die Relativitätstheorie eine moralische Rechtfertigung des Urteils der Inquisition gegen Galilei gebe! Dem liegt ein einfaches Unverständnis der Relativitätstheorie zugrunde, die in ihren Grundlagen dem absolutistischen Standpunkt Ptolämeus diametral entgegengesetzt ist. Für letzteren war doch die Erde absolut unbeweglich, und um diese absolut unbewegliche Erde drehte sich das ganze Universum. Für Einstein dagegen gibt es nichts Unbewegliches. Einstein unterstreicht, daß es in der Relativitätstheorie nicht um zwei Hypothesen geht, nicht darum, welche Hypothese — die der Unbeweglichkeit der Sonne oder der Erde — richtig sei, sondern um zwei Methoden der Darstellung der Bewegung, wobei in beiden Fällen einer der zwei sich bewegenden Körper als relativ ‚unbeweglich' angenommen wird".[11])

Dieses Zitat ist nicht nur deshalb von Interesse, weil darin ein richtiges Verständnis dieser Frage enthalten ist, sondern auch wegen der Verteidigung A. Einsteins durch einen marxistischen Philosophen. Leider verteidigten einige Philosophen und Physiker später Einstein und andere bedeutende Physiker nicht mehr gegen Beschuldigungen des Idealismus und des religiösen Obskurantismus, sondern führten selbst Angriffe in dieser Richtung. Das schadete zweifelsohne der Verbreitung der Ideen des dialektischen Materialismus unter den Naturforschern im Ausland. Die neue physikalische Theorie Einsteins fand immer mehr Anerkennung. Die Gegner der Theorie mußten zunehmend damit rechnen, daß die spezielle Relativitätstheorie asymptotisch zur klassischen Mechanik führt, und daß sie ihre Verallgemeinerung in der allgemeinen Relativitätstheorie Einsteins fand.

Sowjetische Physiker und Mathematiker (A. F. Joffe, P. P. Lazarev und V. Ju. Steklov) wandten sich an die physikalisch-mathematische Abteilung der Akademie der Wissenschaften mit dem Vorschlag, EINSTEIN zum Korrespondierenden Mitglied zu ernennen. Dabei wurde insbesondere betont, daß die Relativitätstheorie unveräußerlicher Bestandteil des wissenschaftlichen Denkens geworden sei und daß „jene erstaunlichen Erfolge, die die Physik seit 15 Jahren erreichen konnte, im bedeutenden Grade den Ideen A. Einsteins zu verdanken sind".[12])

Gleichzeitig muß man bemerken, daß die Verteidigung der physikalischen und philosophischen Grundlagen der Relativitätstheorie in den betrachteten Jahren nicht frei von Unzulänglichkeiten war.

1. Die absolute Mehrzahl der Spezialartikel und Rezensionen in den naturwissenschaftlichen Veröffentlichungen berührten die philosophischen Fragen, die mit der Theorie EINSTEINS verquickt sind, fast gar nicht.

2. Ein bedeutender Teil der Physiker war wenig oder überhaupt nicht mit dem dialektischen Materialismus vertraut und stand auf den Positionen eines naturwissenschaftlichen Materialismus, was sich in den erkenntnistheoretischen Auffassungen widerspiegelte.

3. Viele Artikel und Rezensionen zur Relativitätstheorie erschienen in Spezialzeitschriften und waren einem breiten Leserkreis gar nicht zugänglich. Das geschah in einer Periode umfangreicher philosophischer Begründungsversuche der Theorie EINSTEINS durch die Philosophen und die Popularisatoren der Wissenschaft im Ausland, die meistens Feinde des Materialismus waren.

Weiterhin unterschätzten einige Naturforscher, besonders Experimentatoren, die revolutionäre Bedeutung jener Änderungen im Verständnis von Raum und Zeit, die die Relativitätstheorie hervorgerufen hatte. Viele Physiker, die später viel zur materialistischen Interpretation der Geschichte der Wissenschaften und zur richtigen philosophischen Begründung der Relativitätstheorie und der Quantenmechanik beigetragen haben, unterschätzten in der ersten Zeit die wissenschaftliche

Bedeutung dieser physikalischen Theorien für die Entwicklung des Kategorienapparates der Philosophie.

Ebenfalls in dieser Periode wurden in den Arbeiten von S. E. Friš,[13]) G. S. Landsbergs und anderen Physikern experimentelle Fragen der Relativitätstheorie betrachtet. Dabei wurden die speziell erkenntnistheoretischen Fragen nicht behandelt. Eine solche Verteidigung der physikalischen Grundlagen der Theorie stimmte objektiv mit der dialektischen Ansicht über die Theorie Einsteins überein, aber sie konnte der sich verstärkenden Offensive des Idealismus nicht standhalten. Das war mit gründlichen Kenntnissen der materialistischen Dialektik und der Thesen der Relativitätstheorie möglich.

Der Begründer der Quantentheorie, M. Planck, bemerkte: „Wer ... die mechanische Naturanschauung als ein Postulat physikalischer Denkweise ansieht, wird sich mit der Relativitätstheorie nie befreunden können."[15]) Der gesamte Verlauf des Kampfes der Anhänger der dialektisch-materialistischen Philosophie mit metaphysischen Vorurteilen und verabsolutierenden mechanistischen Ansichten über die Natur, demonstrierte die Wahrheit dieser Behauptung von Planck.

Das Buch von S. Ju. Semkovskij „Relativitätstheorie und Materialismus", seine Artikel in der Zeitschrift „Unter dem Banner des Marxismus", aber auch die Artikel A. A. Golcmans, V. P. Egoršins, S. F. Vasilevs, B. M. Gessens, T. N. Gornšteins, E. Kolmans und in der zweiten Hälfte der 30er Jahre M. E. Omeljanovskijs, B. M. Kedrovs, waren auf die Lösung der grundlegenden Aufgabe gerichtet, die Relativitätstheorie vor den Angriffen des Idealismus und des Mechanizismus zu verteidigen. Natürlich unterschied sich in diesen Arbeiten die Lösung einiger philosophischer Fragen der Theorie von unseren heutigen Auffassungen, es gab auch einige Fehleinschätzungen. Alle diese Autoren wiesen aber richtig nach — geleitet von der Leninschen Einschätzung der Theorie Einsteins — daß die neue Theorie Einsteins nicht nur dem dialektischen Materialismus nicht widerspricht, sondern viele seiner Thesen mit neuem naturwissenschaftlichem Material konkretisiert.

Die Äußerungen A. A. Maksimovs, I. E. Orlovs, Z. A. Cejtlins hingegen waren inkonsequent und widersprüchlich. Z. A. Cejtlin war als echter Mechanist sogar bebestrebt, den physikalischen Inhalt der Relativitätstheorie auf die Lehre Descartes *zurückzuführen.* Er schrieb, daß „die richtige Lösung der Frage nach der Bedeutung der Relativitätstheorie vom Standpunkt des dialektischen Materialismus nur dann möglich ist, wenn verstanden wird, was Cartesianismus ist ...“.[17])

Davon ausgehend äußerte sich Z. A. Cejtlin verschiedentlich über die spezielle und allgemeine Relativitätstheorie. Seine Auffassung wurde in folgenden Punkten formuliert:

„1. Die Grundlage des dialektischen (des Descartesschen — K. D.) Materialismus besteht: a) im Begriff der einheitlichen realen ausgedehnten Materie (Substanz) — des Raumes als physikalischem Körper, b) im Begriff der Bewegung als Modalität und Realität (Qualität).

2. Weil die ‚spezielle Relativitätstheorie‘ in der Interpretation Einsteins den ersten Begriff ablehnt, obgleich sie den zweiten teilweise anerkennt, widerspricht sie dem dialektischen Materialismus.

3. Weil die ‚allgemeine Relativitätstheorie‘ den ersten Begriff anerkennt und faktisch auch den zweiten, ... befindet sie sich in völliger Übereinstimmung mit den Prinzipien des dialektischen Materialismus.“[18]

Beachten muß man, daß Z. A. Cejtlin die Wechselbeziehung der Methoden von R. Descartes und K. Marx wie folgt sah: „Der wahre Begründer und Schöpfer der Dialektik ist Descartes ... In den Formulierungen, die Marx in der Einleitung zur ‚Kritik der politischen Ökonomie‘ benutzt hat, wird die Identität der Marxschen Methode und der Cartesischen Methoden in der Naturwissenschaft offensichtlich“.[19]) Die Position Z. A. Cejtlins war keine dialektisch-materialistische Position; sie wurde durch S. Ju. Semkovskij auf der II. Allunionskonferenz der marxistisch-leninistischen Einrichtungen als „eklektizistisch“ bewertet.[20]) Charakteristisch ist in diesem Zusammenhang das Verhältnis A. K. Timirjazevs zur Position S. Ju. Semkovskijs einerseits, und der Z. A. Cejtlins andererseits. Er schrieb, daß man „bei weitem nicht in allem mit ... Genossen Z. Cejtlin einverstanden sein kann und sich aber überhaupt nicht mit Genossen Semkovskij einverstanden erklären kann“.[21])

Der hauptsächliche Kampf um die Relativitätstheorie wurde um die Interpretation der Postulate geführt, die der Theorie zugrunde liegen.[22]) Die Mehrheit der Gegner der Relativitätstheorie in der UdSSR und im Ausland war bestrebt, die Fehlerhaftigkeit und Widersprüchlichkeit der Ausgangsprämissen, des Relativitätsprinzips und des Prinzips der Konstanz der Lichtgeschwindigkeit nachzuweisen.

Der mechanistische Charakter der Behauptungen A. K. Timirjazevs, V. F. Mitkevičs und anderer trat besonders in ihrem Verhältnis zur ersten These Einsteins, dem Relativitätsprinzip im eigentlichen Sinne zutage.[23]) Sie waren bestrebt, dieses Prinzip auf das Relativitätsprinzip von Galilei und Newton zurückzuführen. „Was als erste These erscheint“, schrieb A. K. Timirjazev zur speziellen Relativitätstheorie: „so ließ und läßt es bei niemandem irgendeinen Zweifel aufkommen. Diese These liegt der Mechanik Newtons und Galileis und insgesamt der sogenannten klassischen Mechanik zugrunde.“[24]) An anderer Stelle schrieb A. K. Timirjazev, daß der Sinn der speziellen Relativitätstheorie „im Prinzip Galilei—Newtons ... besteht, dem die Behauptung hinzugefügt wird, daß die Lichtgeschwindigkeit nicht davon abhängt, ob wir sie in sich bewegenden Systemen oder in unbeweglichen messen“.[25])

Indessen fällt das Relativitätsprinzip Galileis keineswegs mit dem Relativitätsprinzip Einsteins zusammen. Das erstere bedeutet die Gleichberechtigung aller Systeme, die sich im Zustand der geradlinigen und gleichförmigen Bewegung befinden. Galilei formulierte es speziell für die Gesetze der *Mechanik*. Das in der Theorie EINSTEINS angewendete Relativitätsprinzip verallgemeinert dieses Prinzip, wobei es die Einschränkungen aufhebt, die mit seiner rein mechanischen Interpretation verbunden sind. Es behauptet, daß in Inertialsystemen *nicht nur mechanische*, sondern alle physikalischen Prozesse so verlaufen, daß mit keinen physikalischen Mitteln feststellbar ist, ob das gegebene System ruht oder sich in geradliniger und gleichförmiger Bewegung befindet. Das rein mechanische Verständnis des Relativitätsprinzips GALILEIS wird durch EINSTEIN so verändert, daß das neue Prinzip für *beliebige* physikalische Prozesse gültig ist.

Es ist anzumerken, daß die Gegner der Theorie EINSTEINS das klassische Relativitätsprinzip von GALILEI und NEWTON mit dem der Relativitätstheorie derart identifizieren, daß das letztere dem ersteren untergeordnet wurde. Gerade wegen dieser Identifizierung der zwei Prinzipien stimmte A. K. TIMIRJAZEV dem ersten Postulat EINSTEINS zu. Z. A. CEJTLIN führte ohne Umstände das Relativitätsprinzip EINSTEINS auf das Relativitätsprinzip DESCARTES zurück. Auf solche Weise reduzierten A. K. TIMIRJAZEV und seine Anhänger den wesentlichen Unterschied beider Relativitätsprinzipien auf eine mechanistische Erklärung aller Naturprozesse: „Die Verallgemeinerung dieses Prinzips auf alle Erscheinungen in der Natur ist gleichbedeutend mit der Behauptung, daß alle Erscheinungen in der Natur — alle komplizierteren Formen der Bewegung der Materie, wie der konsequente (mechanistische! — K. D.) Materialist sagt, — demselben Prinzip unterliegen, dem die einfacheren Fälle der Bewegung unterliegen, die in der klassischen Mechanik untersucht werden“.[26]) A. K. TIMIRJAZEV ließ den direkten Hinweis W. I. LENINS unbeachtet, der einmal zu solchen Ansichten schrieb: „Es ist natürlich totaler Unsinn die Sache so hinzustellen, als ob der Materialismus ... unbedingt ein ‚mechanisches‘, nicht aber ein elektrodynamisches oder ein anderes noch ungleich komplizierteres Weltbild als das der sich *bewegenden Materie* behaupte.“[27])

Die Anhänger des Mechanizismus in der UdSSR konnten nicht verstehen, daß das Wirken der mechanischen Gesetze nur auf einen bestimmten Bereich der Erscheinungen der Natur eingeschränkt ist. Das hinderte sie natürlich zu verstehen, daß die absolute Bewegung und die absolute Ruhe physikalisch sinnlose Begriffe sind. Deshalb stimmte bei A. K. TIMIRJAZEV, Z. A. CEJTLIN und ihren Anhängern die Anerkennung des Relativitätsprinzips im eigentlichen Sinne mit der Anerkennung der absoluten Ruhe und eines absoluten Bezugssystems in Form des unbeweglichen Äthers und mit der Ablehnung des Prinzips der Konstanz der Lichtgeschwindigkeit überein. „Wenn es in der Welt den Prozeß der völlig bestimmten Bewegung gibt, dann existiert die absolute Zeit des Ablaufes dieses Bewegungsprozesses. Wenn die Welt nur ein Schein ist, dann hat jedes System seine Zeit. Darin besteht eben die idealistische Tendenz Einsteins. Natürlich negiert niemand, daß unsere ‚subjektive Zeit' von der Bewegung und vielem anderen abhängt, daß die Uhren in Abhängigkeit von der Bewegung des Bezugssystems laufen. Aber das verstößt keineswegs gegen den Begriff der absoluten Zeit."[28])

Den Versuch, die Position der alten, vorrelativistischen Physik zu retten, machte in den 30er Jahren auch der bekannte Elektrotechniker, das Akademiemitglied V. F. MITKEVIČ. Der Äther wurde von ihm als universelles Medium des Weltalls angesehen. Den Verzicht auf ein solches Medium sah V. F. MITKEVIČ als ein Versagen der wissenschaftlichen Erklärung von Naturerscheinungen an, als Objektivierung der mathematischen Formeln. Wenn die Relativitätstheorie EINSTEINS ohne den Begriff des Äthers auskommen könne, so weise das auf den abstrakten mathematischen Charakter dieser Theorie hin.[29]) Nach seiner tiefsten Überzeugung ist „die Anerkennung irgendeines universellen Mediums, des Äthers, unbedingt notwendig für die Entwicklung des physikalischen Denkens".[30]) Die Diskussion um die Realität des Lichtäthers, deren Initiator V. F. MITKEVIČ war, forderte besonders viel Zeit und Kraft. S. I. Vavilov kritisierte: „V. F. Mitkevič versucht ... mit philosophischen Beweisen, der modernen Physik die ‚Anerkennung' einer besonderen Bedeutung eines Mediums logisch aufzuzwingen, das den dreidimensionalen Raum erfüllt — den Weltäther.[31]) Die Position V. F. Mitkevičs wurde von dem Philosophen A. A. Maksimov unterstützt, der zwar einige offen mechanistische Anschauungen zurückwies, aber insgesamt all jene Angriffe unterstützte, die V. F. Mitkevič gegen viele sowjetische Physiker vorgebracht hat, insbesondere gegen I. E. Tamm und V. A. Fok. „Die Farbe" ihres politischen „Meridians" sei nicht rot. „In diesen Vorwürfen", schrieb er, „liegt ... ein rechtzeitiges und richtiges Signal über die Gefährlichkeit der Verbindung reaktionärer Ansichten mit den der UdSSR feindlichen politischen Strömungen".[32]) Um die ganze Absurdität einer solchen Behauptung zu verstehen, ist es ausreichend, die Namen der Physiker aufzuzählen, die des Idealismus beschuldigt wurden: A. F. Joffe, D. S. Roždestvenskij, S. I. Vavilov, V. A. Fok, Ja. I. Frenkel, I. E. Tamm, L. I. Mandelštam, L. D. Landau, M. P. Bronštein und andere, die die Positionen dieser Gelehrten unterstützten. A. F. Joffe wies die Versuche von V. F. Mitkevič scharf zurück, die Arbeiten dieser Gelehrten zu verwerfen und die Entwicklung der sowjetischen Physik allein an Faraday und Maxwell zu orientieren: „Wenn wir die theoretische Physik Foks, Frenkels, Tamms, Landaus, Mandelštams und ihrer Schüler streichen, beseitigen wir ... die ganze sowjetische theoretische Physik".[33])

Das Vorgehen von V. F. Mitkevič, A. A. Maksimov u. a. entspricht natürlich nicht dem Leninschen Herangehen. Zu Beginn der philosophischen Diskussionen um die Relativitätstheorie reichte die Intoleranz bei einigen Philosophen (insbesondere bei A. A. Maksimov) und Physikern (A. K. Timirjazev) bis zur Grobheit. A. A. Golcman geißelte die Unzulänglichkeiten der Methoden, deren sich A. A. Maksimov und A. K. Timirjazev in ihrer Polemik bedienten: „Beide nehmen sie an, ein Monopol für die Interpretation der modernen Ergebnisse der Naturwissenschaft zu verwalten."[34]) S. Ju. Semkovskij schrieb: „Mancher von diesen marxistischen Physikern zeichnet sich dadurch aus, daß er Marxisten vorrangig als Physiker imponieren will, aber Physikern vorrangig als Marxist".[35]) Leider ließen sich auch einige Anhänger der Relativitätstheorie im Feuereifer der Polemik zu überzogen scharfen Reaktionen verleiten. Im Auftreten von A. K. Timirjazev, A. A. Maksimov und einiger anderer Philosophen und Physikern nahm die Schärfe des Tons noch weiter zu. Sie wurden teilweise verletzend grob und arbeiteten systematisch mit Etikettierungen. Den eigentlichen Partnern im Meinungsstreit wurde Idealismus vorgeworfen. Das förderte natürlich die Lösung der für Physik und Philosophie gleichermaßen wichtigen Probleme überhaupt nicht.

Die ultimativen Forderungen V. F. Mitkevičs, auf die von ihm aufgestellte Liste von Fragen nur mit „ja" oder „nein" zu antworten, wonach er dann sofort den politischen Standort des jeweiligen Gelehrten bestimmte, hemmte die wirkliche Lösung der Probleme, stieß die Naturforscher von der Philosophie ab und schuf eine für die Diskussion wissenschaftlicher Fragen ungesunde Atmosphäre. Eine solche Fragestellung widersprach in ihrem Wesen der Leninschen Idee des Bündnisses der Philosophie des dialektischen Materialismus mit der Naturwissenschaft. Deshalb wurde die grundlegende These V. F. Mitkevičs, daß „die Anerkennung oder Nichtanerkennung der Realität der magnetischen Kraftröhren (Äther — K. D.) das philosophische und politische Gesicht des Gelehrten bestimmt"[36]), von der absoluten Mehrheit der sowjetischen Naturforscher und Philosophen zurückgewiesen. A. F. Joffe stellte berechtigt fest, daß der Weg Timirjazevs, Mitkevičs, Kasterins ein antileninistischer Weg ist, ... ein Kampf um die Erhaltung der eingebüßten mechanistischen Positionen".[37])

Die mechanistische Methodologie hemmte jene Physiker in ihren konkreten physikalischen Arbeiten. Beispielsweise versuchte N. P. KASTERIN erfolglos, eine nichtrelativistische Physik unmittelbar ausgehend von den physikalischen Vorstellungen des XVIII. und XIX. Jahrhunderts zu konstruieren. Er stellte sich die Aufgabe, „*ohne die Grundlagen der klassischen Mechanik und Physik zu ändern*, eine zweite Näherung für die Elektrodynamik zu suchen, die die Gesamtheit der Fakten erfassen könnte“.[38]) Ein solches Herangehen konnte keine Perspektive haben. Er wurde von der Mehrheit der sowjetischen Physiker und Philosophen nicht unterstützt.

Die sowjetischen Philosophen, die die relativistische und die Quantenphysik als wissenschaftliche Theorien akzeptierten, bemühten sich, logische, erkenntnistheoretische und weltanschauliche Fragen zu lösen, die die Entwicklung der Physik auf die Tagesordnung gesetzt hatte. Sie lehnten gleichzeitig die idealistische Lösung dieser Fragen ab.

Die Versuche einiger zeitgenössischer sowjetischer Philosophen, den Kampf von V. M. MITKEVIČ in den 30er Jahren um den Äther als einen Kampf für den dialektischen Materialismus darzustellen, erscheinen uns bedauerlich, weil sie ihre Autoren zu einer Reihe fehlerhafter Thesen führen.[39])

Anstelle einer wissenschaftlichen Analyse der experimentellen Daten, die zur Ablehnung des mechanizistischen Äthers führten, stellt beispielsweise A. V. BASKAKOV die angebliche Existenz des unbeweglichen Äthers als Selbstverständlichkeit dar.[40]) Das widerspricht klar der Relativitätstheorie, die inzwischen zu einer klassischen physikalischen Theorie geworden ist. Die angeführten experimentellen Fakten beweisen auch keineswegs die Behauptung des genannten Autors. Das war S. I. VAVILOV schon 1928 bekannt.[41]) Er faßte die Analyse von „Gegenexperimenten“ damals so zusammen: „Unter dem Druck der experimentellen Daten wurde die Konzeption des Äthers so umständlich und unbestimmt, daß es sogar schwer wurde, sie mit dem Hinweis zu verteidigen, sie liefere ein ziemlich anschauliches Abbild der Erscheinungen.“[42])

Verständlich ist die Beharrlichkeit, mit der die Hypothese des Äthers in der Physik des XIX. Jahrhunderts propagiert wurde. Sie spiegelte das mechanizistische Herangehen an die physikalische Realität wider, das man, da es sich bewährt hatte, um jeden Preis erhalten wollte. Historisch ist in dieser Hinsicht der Kampf D. A. Goldgammers und anderer russischer Physiker der alten Schule ebenso wie auch bedeutender Physiker anderer Länder (J. Thomson u. a.) gegen die Relativitätstheorie gerechtfertigt. Das Ideal dieser Gelehrten war das konsequente mechanistische Weltbild, das im XVIII. und XIX. Jahrhundert der physikalischen Forschung förderlich war. Aber diese „Beharrlichkeit" in den 20er und 30er Jahren wurde zum Hemmschuh für die Entwicklung der Physik. Mangelhafte physikalische Argumente versuchten damals einige Physiker durch logische oder philosophische zu kompensieren. Dabei wurde eine metaphysische, mechanizistische Philosophie vertreten, obgleich ihre Anhänger mit dem Anspruch auftraten, den dialektischen Materialismus zu verteidigen. Ihr Vorgehen war jedoch typisch für das naturphilosophische Herangehen im schlechtesten Sinne dieses Wortes. Die physikalischen Vorstellungen sollten unmittelbar aus den philosophischen Auffassungen deduziert werden. Wenn so etwas heute noch nachträglich gerechtfertigt wird, schwächt das den Kampf des dialektischen Materialismus mit dem Positivismus.

Das mechanizistische Verständnis des ersten Postulates der speziellen Relativitätstheorie Einsteins brachte seine Gegner auch zur Ablehnung ihres zweiten Postulates (Konstanz der Lichtgeschwindigkeit). Das zweite Postulat der Relativitätstheorie, nach dem sich die Lichtstrahlen im Vakuum mit einer unveränderlichen Geschwindigkeit ausbreiten, welches Einstein als Prinzip der Konstanz der Lichtgeschwindigkeit formulierte, stieß auf die größte Ablehnung. Einstein stellte fest, daß die Relativitätstheorie oft dafür kritisiert wurde, daß sie der Ausbreitung des Lichtes eine ungerechtfertigt zentrale Rolle zuschreibt.[43])

Ursachen einer solchen Kritik waren erstens, daß sich darauf die Gesetze der Zeit in der Relativitätstheorie gründen, die den Grundthesen der NEWTONschen Mechanik über die absolute Gleichzeitigkeit widersprechen und zweitens, daß das Prinzip der Konstanz der Lichtgeschwindigkeit nicht in die NEWTONsche Mechanik hineinpaßt.

Um die Haltlosigkeit dieses Prinzips nachzuweisen, waren die Gegner der Relativitätstheorie bestrebt, eine Lösung im Rahmen der existierenden klassischen Theorien zu finden und die Fehler in den experimentellen Daten zu suchen, die zur neuen Theorie geführt hatten. So war der Physiker N. P. KASTERIN bestrebt, die Grundthesen der Elektrodynamik und Optik zu widerlegen, auf die diese Theorie zurückgeht. Er schrieb, daß die Untersuchung der Bewegung von β-Strahlen hoher Geschwindigkeiten uns an der Genauigkeit der Grundthesen der MAXWELL-LORENTZschen Elektrodynamik zweifeln lasse.[44])

Gegen das Prinzip der Konstanz der Lichtgeschwindigkeit traten I. E. ORLOV, Z. A. CEJTLIN und A. A. MAKSIMOV von den Positionen der klassischen Mechanik auf. Insbesondere behauptete I. E. ORLOV, daß man dieses Prinzip „als fiktive, mathematische Annahme zur Beschreibung der Fakten behaupten, aber nicht als endliches reales Gesetz der Ausbreitung des Lichtes ansehen" kann.[45]) A. A. MAKSIMOV schrieb: „Indem er die Konstanz der Lichtgeschwindigkeit als Axiom bestätigte, errichtete Einstein in der Physik den metaphysischen Begriff der absoluten Unveränderlichkeit, der allem uns über die Natur Bekanntem widerspricht".[46]) A. A. MAKSIMOV anerkannte zwischenzeitlich die Theorie EINSTEINS; verstand sie jedoch nicht folgerichtig und kam später wieder zur ursprünglichen Ablehnung.

Die Ablehnung des Prinzips der Konstanz der Lichtgeschwindigkeit ist eine unvermeidliche Folge des mechanizistischen Verständnisses des ersten Postulates der Relativitätstheorie. Die Reduzierung des Relativitätsprinzips von EINSTEIN auf das Relativitätsprinzip von GALILEI und NEWTON (oder DESCARTES) führte zur Behauptung über die Abhängigkeit der Lichtgeschwindigkeit von der Bewegung der Quelle, d. h. zur Anerkennung der Existenz der absoluten Bewegung im physikalischen Sinne.

Die Frage nach dem Wesen solcher Kategorien der NEWTONschen Mechanik wie der „absoluten Ruhe", der „absoluten Bewegung" und der mit ihnen verbundenen Begriffe der absoluten Gleichzeitigkeit, wurden von vielen Philosophen und Physikern im Rahmen eines allgemeinen philosophischen Programmes gelöst. Jene Gelehrten, die die neuen physikalischen Vorstellungen anerkannten, verwarfen die genannten Kategorien für den neuen Gegenstandsbereich. Eine Ablehnung der Relativitätstheorie und Quantenphysik war umgekehrt mit der Übernahme dieser NEWTONschen Begriffe verbunden.

Die Kategorien „absolute Bewegung" und „absolute Ruhe" wurden über die Anerkennung des Äthers aufgenommen. Absolute Ruhe und absolute Bewegung verlieren ihren Sinn, wenn es keinen Äther gibt. Im System der klassischen Mechanik hatten diese Begriffe Bedeutung, denn die „absolute Bewegung" war eine Bewegung relativ zum absoluten Bezugssystem, das dem Äther gleichgesetzt wurde. Das MICHELSON-MORLEY-Experiment u. a. machten diese Begriffe sinnlos. Nach Bestätigung der Relativitätstheorie wurden sie endgültig zu leeren Abstraktionen. Ungeachtet dessen verteidigten viele bekannte Physiker die Realität des Äthers. Das war in erster Linie mit traditionellen Vorstellungen über das Wesen der Erklärung, über Ziele und Aufgaben einer physikalischen Theorie verbunden. JA. I. FRENKEL verglich die Stellung vieler bekannter Physiker zum Äther mit religiöser Mystik: „Für die Physiker und Naturphilosophen der alten Schule ist der Äther das gleiche, wie die Gottheit für die Gläubigen."[47]) Aus dieser Analogie folgerte er: „In beiden Fällen wird die Evolution durch eine vollständige Ablehnung, eine vollständige Aufhebung, — einerseits des Äthers und andererseits Gottes — abgeschlossen. Jedoch *ist ein solches Finale für jene unannehmbar, die unter entsprechenden Traditionen erzogen wurden.* Sie lassen sich entgegen aller Vernunft — den Fakten zum Trotz — auf eine Gottsucherei bzw. eine Äthersucherei ein".[48])

Die Ursache der ablehnenden Haltung vieler bekannter Physiker (O. LODGE, F. LENARD, J. THOMSON, V. F. MITKEVIČ, A. K. TIMIRJAZEV u. a.) zur neuen Etappe in der Entwicklung des physikalisch-theoretischen Denkens wurde von Traditionen und von Gewohnheiten des Denkens bestimmt, die sich häufig stärker als die Logik und selbst stärker als die Fakten erwiesen. Das war nicht nur bei der richtigen Interpretation der experimentellen Daten hinderlich, sondern auch bei der Klärung des Wesens der neuen Theorien. Deshalb besteht in derartigen Perioden eine der Aufgaben der wissenschaftlichen Philosophie darin, die Möglichkeit des neuen Denkstils, der neuen Erklärungsformen auszuloten, die dem neuen philosophischen Modell der Realität entsprechen. Die qualitative Vielfalt der Materie führt im Erkenntnisprozeß notwendigerweise zur Formierung neuer Forderungen an den kategorialen Apparat sowohl der Philosophie als auch der Physik.

Die Entstehung der neuen physikalischen Theorie verlangte die philosophischen Voraussetzungen der Relativitätstheorie und die philosophischen Ansichten ihres Begründers, ALBERT EINSTEIN, zu untersuchen.

4.2. Über die philosophischen Ansichten A. Einsteins

Eine der wesentlichen Ursachen des Kampfes gegen die Relativitätstheorie, die sich in der UdSSR in den 20er und 30er Jahren verbreitete, bestand zweifelsohne darin, daß die philosophischen Ansichten des Begründers der Theorie wenig untersucht wurden. Derartige Untersuchungen waren durch verschiedene Umstände erschwert. Auf die Formierung der Weltanschauung EINSTEINS hatten erstens Denker verschiedener philosophischer Richtungen wie HUME, SPINOZA, KANT und MACH u. a. einen großen Einfluß. Zweitens muß man unbedingt die Evolution der philosophischen Positionen EINSTEINS beachten, was selbst heute noch nicht immer getan wird. Die gesamte Weltanschauung EINSTEINS zeichnet sich vor allem terminologisch nicht durch Folgerichtigkeit aus. In seinen frühen Jahren unterlag er philosophisch einem gewissen Einfluß MACHS. Das wird an einzelnen seiner Formulierungen besonders deutlich. Als Beispiel kann man Äußerungen über das Ziel der Physik als Wissenschaft anführen: „Auf der Bühne unseres Unterbewußtseins erscheinen in bunter Folge Sinneserfahrungen, Erinnerungen, Abbilder und Gefühle. Im Gegensatz zur Psychologie befaßt sich die Physik unmittelbar nur mit Sinneserfahrungen und mit dem ‚Verständnis' ihrer Zusammenhänge. Aber selbst der Begriff der ‚wirklichen Außenwelt' im alltäglichen Denken beruht ausschließlich auf Sinneseindrücken ... Der Fülle unserer Sinneserfahrungen entnehmen wir, im Geiste und willkürlich, gewisse wiederholt auftretende Komplexe von Sinneseindrücken (z. T. in Verbindung mit Sinneseindrücken, die als Zeichen für Sinneserfahrungen anderer aufgefaßt werden) und wir legen ihnen eine Bedeutung bei — die Bedeutung des körperlichen Objektes."[49]) Aussagen solcher Art konnten im Sinne der empirischen Phänomenologie des Positivismus interpretiert werden, was sowohl von den Gegnern als auch von den Anhängern der neuen Ideen getan wurde. Jedoch gaben derartige Formulierungen noch nicht das Recht, die Relativitätstheorie eine „mathematisch-machistische Beschreibung" zu nennen, wie das ihre Gegner taten: denn sie berührten den physikalischen Inhalt dieser Theorie nicht.

Auf die Unbestimmtheit von philosophischen Anschauungen EINSTEINS haben einige sowjetische Philosophen hingewiesen. So schrieb A. A. GOLCMAN, der als einer der ersten die Theorie EINSTEINS von materialistischer Position aus zu analysieren versuchte: „Die Ungeklärtheit der philosophischen Weltanschauung von Einstein selbst erschwert das Verständnis jener physikalischen Prinzipien, die der Relativitätstheorie zugrunde liegen. Jedenfalls sollte man sich vor der Begründung hüten, daß Einstein den philosophischen Wert seiner Lehre unterschätzt und sogar möglicherweise zum Idealismus neigt ... Die Lehre Einsteins ist eine Lehre über die Dialektik in der Natur ... Wenn Einstein auf die Relativität der Erkenntnis anspielt (im Sinn des philosophischen Relativismus — K. D.), so ist es notwendig zu bemerken, daß seine Gnoseologie nicht ausgearbeitet ist ...“.[50]) Andere Anhänger der Relativitätstheorie machten den Versuch, die philosophischen und physikalischen Anschauungen Einsteins zu trennen. B. M. Gessen schrieb: „Im Bereich der Physik sind die Ansichten Einsteins über Raum, Zeit und Bewegung Konkretisierungen der dialektischen Konzeption des Raumes und der Zeit“.[51])

Mit dem wachsenden Einfluß der Relativitätstheorie auf andere Zweige der Wissenschaft und der Erkenntnistheorie erhielt die Frage nach der philosophischen Position A. Einsteins immer größere Bedeutung. Alle idealistischen Systeme beriefen sich auf Einstein als Anhänger ihrer Philosophie. Die Spekulationen im Zusammenhang mit den philosophischen Anschauungen Einsteins nahmen derart zu, daß selbst Einstein öffentlich den philosophischen Relativismus ablehnte, den Kantianismus und den Positivismus kritisierte.

Einige idealistische Philosophen und einige Naturforscher wollten nachweisen, daß die Entdeckungen Einsteins philosophischer, aber nicht physikalischer Natur sind. So schrieb H. Reichenbach, daß der speziellen Relativitätstheorie das Problem des Verständnisses von Fakten zugrunde liegt, nicht aber deren physikalische Entdeckung. Die physikalische Entdeckung endete für ihn mit den Versuchen in der Optik; danach war eine philosophische Entdeckung notwendig, die Einstein gelang.

Die Gegner der Relativitätstheorie in der UdSSR sahen EINSTEIN als Anhänger des Positivismus, des Kantianismus, des Machismus o. ä. an. So schrieb I. E. ORLOV: „Der Positivismus in der Physik wird in unserer Zeit durch das Relativitätsprinzip Einsteins repräsentiert. Einstein übernahm alle charakteristischen Besonderheiten der Methode ... von den Vorgängern des Positivismus (Comte, Mach, Mill — K. D.)“.[53]) In einem seiner ersten Artikel zu philosophischen Problemen der Relativitätstheorie nahm A. A. MAKSIMOV an, daß „die philosophische Position Einsteins und vieler anderer Relativisten eine idealistische ist“.[54])

Die Überspitzung einiger fehlerhafter Momente in den philosophischen Ansichten EINSTEINS, die Verwandlung einiger seiner Inkonsequenzen in ein philosophisches System, führten zu methodologischen Kurzschlüssen, die den Inhalt der physikalischen Theorie selbst betrafen. So schrieb CH. M. FATALIEV 1950: „Einstein ist nicht mit der Kopenhagener Interpretation der Grundlagen der Quantenmechanik einverstanden ..., aber gleichzeitig behauptet er, daß die Wissenschaft eine ‚freie Schöpfung des menschlichen Geistes, mit frei erfundenen Ideen und Begriffen‘ sei ... und versucht, diese Konzeption in der Relativitätstheorie zu realisieren“.[55]) Der Autor verwandelte erstens eine von unserem Standpunkt unkorrekte Behauptung in eine „Konzeption“ und zweitens, legte er sie der Relativitätstheorie zugrunde, stellte die Sache so dar, als ob sie von EINSTEIN in seiner Theorie realisiert worden wäre.

Methodologisch unfruchtbar ist ein Herangehen, bei dem die Anschauungen eines Forschers nicht in der Dynamik, sondern in ihrer Statik betrachtet werden, bei dem Unkorrektheiten in den Arbeiten der Naturforscher zu einem philosophischen System hochstilisiert werden. Ein solches Herangehen wirkt sich dann natürlich auch bei der Interpretation der entsprechenden physikalischen Theorie aus. So wird der Unterschied zwischen Philosophie und Physik verwischt. Ein solches Herangehen widerspricht der LENINschen Einschätzung von philosophischen Äußerungen der Gelehrten: „*Keinem einzigen* dieser Professoren (Ostwald, Mach, Poincaré — K. D.), die auf Spezialgebieten der Chemie, der Geschichte, der Physik die wertvollsten Arbeiten liefern können, *darf man auch nur ein einziges Wort glauben*, sobald er auf die Philosophie zu sprechen kommt".[56])

Die philosophische Analyse des EINSTEINschen Gesamtschaffens vom Standpunkt der marxistisch-leninistischen Philosophie kann noch lange nicht als abgeschlossen gelten. Eine solche Untersuchung des wissenschaftlichen Erbes von EINSTEIN könnte die Klärung der Wechselbeziehung zwischen Philosophischem und Einzelwissenschaftlichem wesentlich befruchten. Mit ihrer Hilfe könnte man den heuristischen Wert dieser oder jener philosophischen Prinzipien bei der Lösung konkreter physikalischer Aufgaben zeigen. Zugleich müßte eine solche philosophische Analyse die Haltlosigkeit positivistischer Auffassungen zeigen, nach denen der Begründer der Relativitätstheorie Anhänger des Positivismus gewesen sei. Das entscheidende philosophische Prinzip in der wissenschaftlichen Arbeit EINSTEINS war die Anerkennung der Realität der Außenwelt und der Möglichkeit der rationalen Erkenntnis ihrer Gesetze durch den Menschen.

Die Mehrheit der sowjetischen Philosophen und Physiker unterstrich gerade diesen materialistischen Charakter seiner Anschauungen über die Natur und die Erkenntnis sowie die Objektivität und Wissenschaftlichkeit der durch ihn entdeckten physikalischen Gesetze.

S. JU. SEMKOVSKIJ schrieb, daß „man drei Fragen unterscheiden muß: 1) die persönlichen philosophischen Sympathien Einsteins ...; 2) den historischen Einfluß, den die ‚Mechanik' Machs auf die Ausarbeitung der Relativitätstheorie Einsteins hatte, und 3) die ‚wesentlichen Wechselverhältnisse zwischen Relativitätstheorie und der Philosophie des Machismus (Empiriokritizismus)". Und wenn wir über die Wechselverhältnisse von dialektischem

Materialismus und Relativitätstheorie sprechen, fährt SEMKOVSKIJ fort „müssen wir nicht nur diese und jene philosophischen Ansichten und Äußerungen A. Einsteins betrachten ... sondern *alles, was unverrückbar in den philosophischen Inhalt der Relativitätstheorie eingeht*". Davon ausgehend, kam SEMKOVSKIJ zu der richtigen Folgerung, daß „deshalb in der für uns einzig wesentlichen Frage die Relativitätstheorie dem ‚Machismus' zuwiderläuft, denn sie baut nicht auf den ‚Empfindungselementen' sondern auf der Materie auf".[57])

Wer die genannten Fragen verwechselte, kam zu Fehleinschätzungen. Die philosophischen Ansichten EINSTEINS sind bei all ihrer Inkonsequenz Ausdruck des naturwissenschaftlichen Materialismus. Die Wurzeln seiner philosophischen Ansichten gehen vor allem auf SPINOZA zurück, der einen besonderen Einfluß auf den Begründer der neuen Theorie des Raumes, der Zeit und der Gravitation ausübte. EINSTEIN ging, ebenso wie SPINOZA, davon aus, daß die Bestimmung eines beliebigen Dinges ... dessen Natur selbst ausdrücken müsse, weil es in sich unabhängig von unserem Intellekt existiert. Deshalb müsse sie auch den Hinweis auf die erzeugende Ursache des Dinges einschließen".[58]) B. G. KUZNECOV, der das Schaffen EINSTEINS allseitig untersucht hat, zeigt, daß im Mittelpunkt seines wissenschaftlichen Denkens ein gleichbleibendes Ziel stand — im Labyrinth der vielfältigsten Fakten die objektive Harmonie (Gesetzmäßigkeit) zu finden. EINSTEIN glaubte an diese Harmonie und die Möglichkeit sich ihr mit den Mitteln der wissenschaftlichen Erkenntnis zu nähern. Im Schaffen EINSTEINS war „der Rationalismus vor allem mit der Weltanschauung Spinozas verbunden, die durch die drei Jahrhunderte währende Entwicklung der Wissenschaften bereichert war und auf die allgemeinste Form gebracht werden kann: die Logik des wissenschaftlichen Denkens führt im Ideal zur Gesamtheit aller empirisch zugänglichen physikalischen Beziehungen."[59]) Auf die Ausprägung der Weltanschauung EINSTEINS hatten seine

Arbeiten zur Relativitätstheorie einen großen Einfluß. Von Anfang an unternahm EINSTEIN den Versuch, seine theoretischen Konstruktionen experimentell zu begründen. Dabei ging er davon aus, daß die Zweckmäßigkeit einer logischen Konstruktion a posteriori durch das Experiment bestimmt werden muß. Kein Begriff kann a priori als absolut wahr angesehen werden. Beobachtung und experimentelle Überprüfung der theoretischen Konstruktionen sind das einzige Kriterium ihrer Wahrheit.

In diesem Zusammenhang ist das Verhältnis EINSTEINS zu den fundamentalen Begriffen der NEWTONschen Mechanik charakteristisch: absolute Bewegung, absoluter Raum und absolute Zeit. Die Wissenschaft gelangte allmählich dazu, die Vorstellung des Äthers als besonderen Träger des Lichtes kritisch zu überprüfen. Es wurden theoretisch und experimentell verschiedene Möglichkeiten diskutiert, die folgenden Hypothesen entsprechen: a) der Äther wird vollständig durch die sich bewegenden Körper mitgerissen; b) der Äther ist völlig unbeweglich. Jener Teil des Äthers, der sich im Inneren des sich bewegenden Systems befindet, nimmt an der Bewegung nicht teil; c) die Kompromißposition FRESNELS und FIZEAUS: der Äther wird durch das sich bewegende System teilweise mitgerissen.

Die Analyse EINSTEINS unterschied sich wie oben gezeigt vom Herangehen von HERTZ, LORENTZ, FRESNEL, FIZEAU und ihrer zahlreichen Anhänger sehr wesentlich. EINSTEIN ging davon aus, daß der Äther überhaupt nicht existiert. Solche Fragen wie: Welche Rolle spielt der Äther bei der Bewegung? Welche Struktur hat der Äther? Wird der Äther bei der Bewegung mitgerissen? usw. — sind von seinem Standpunkt aus Pseudofragen. Anstelle der Suche nach der Struktur des Äthers als besonderer Form des Stoffes, der den zahlreichen experimentellen Daten nicht widerspricht, ging EINSTEIN in der Relativitätstheorie davon aus, daß *prinzipiell kein Versuch die Existenz des Äthers über die Bewegung der Erde feststellen kann.* Ausgehend davon baute EINSTEIN auch die spezielle Relativitätstheorie auf. Er ging also davon aus, daß alle Versuche, die die Existenz des Äthers nachweisen sollten (MICHELSON-MORLEY u. a.) kein positives Resultat ergeben können, weil *die Welt so strukturiert ist.* In der Natur existieren objektiv weder die absolute Bewegung, noch die absolute Ruhe, noch ein universelles Weltmedium.

Die Anhänger positivistischer Philosophie kritisierten u. a. auch die Erkenntnistheorie KANTS. Dabei betonten sie oft die Unvereinbarkeit der Relativitätstheorie mit der Philosophie KANTS. Diese Kritik hatte insofern Bedeutung, als die Relativitätstheorie dem Apriorismus KANTS tatsächlich einen entscheidenden Stoß versetzte. Die Neopositivisten verfolgten aber mit dieser Kritik besondere Ziele. Es ging ihnen darum, die philosophischen Quellen der neuen Etappe in der Entwicklung der Physik mit dem Empirismus, dem philosophischen Positivismus zu verbinden. Das ließ sich allerdings nicht in Übereinstimmung mit der Geschichte der wissenschaftlichen Erkenntnis bringen, worauf in der marxistischen philosophischen Literatur heute ausführlich eingegangen wird.[60])

Es ist notwendig, die Wechselbeziehung der KANTschen Erkenntnistheorie und der Relativitätstheorie in der Periode der Ausarbeitung der EINSTEINschen Theorie und in der weiteren Evolution der Ansichten EINSTEINS zu unterscheiden. Zunächst lehnte EINSTEIN die Erkenntnistheorie KANTS sehr schroff ab und hörte nicht auf, den negativen Einfluß des Apriorismus zu kritisieren. Darin mag sich durchaus der in den 20er Jahren besonders starke Einfluß des Empirismus bemerkbar machen.

E. M. ČUDINOV schätzt ein: „Der Empirismus besteht auf einer direkten Interpretation der geometrischen Begriffe mit realen Objekten. Und obgleich Einstein augenscheinlich den Einfluß des Empirismus in der Periode der höchsten Stufe dieser Philosophie erlebte, war seine Konzeption der physikalischen Geometrie, die den philosophischen Hintergrund der allgemeinen Relativitätstheorie bildete, frei von Empirismus“.[61])

Im weiteren gab es aber Änderungen in den Ansichten EINSTEINS über die Beziehungen von Sinnlichem und Rationalem, von Theorie und Experiment, über die Rolle der Intuition und des Schöpfertums u. a. Dabei verwies EINSTEIN zunehmend auf den positiven Einfluß der Ideen KANTS.

Es steht fest, daß, obgleich EINSTEIN den Einfluß des philosophischen Empirismus erlebte, der Begründer der Relativitätstheorie niemals ein überzeugter Anhänger des Empirismus war. Die anfänglich vorhandene empiristische Tendenz führte ihn nicht zu einer idealistischen Erkenntnistheorie, in der er den objektiven Inhalt der theoretischen Konstruktionen abgelehnt hätte, sondern ist vielmehr Ausdruck seines materialistischen Herangehens. Selbst in den 20er Jahren war der Empirismus EINSTEINS mehr ein Empirismus, der zum Materialismus führte, als ein positivistisches philosophisches System. Benutzt man die Terminologie EINSTEINS, so kann man sagen, daß er in der Anfangsperiode das Kriterium der „äußeren Bewährung“ für die Theorie bevorzugte. Nach der Entdeckung der Gesetze der relativistischen Mechanik vollzog sich eine intensive Wandlung in den philosophischen Ansichten EINSTEINS. Von Elementen des Empirismus kam er immer mehr zum Rationalismus, zur Anerkennung positiver Momente in der Philosophie KANTS. Aber weder in den frühen noch in späteren Jahren bezweifelte der große Physiker die Richtigkeit der in ihrer Grundlage materialistischen These von der objektiven Existenz der Außenwelt und die Möglichkeit ihrer Erkenntnis.

4.3. Die philosophische Analyse der experimentellen Grundlagen der Relativitätstheorie. Das Michelson-Morley-Experiment[62])

Die spezielle und die allgemeine Relativitätstheorie sind Glieder in der Entwicklung der Physik. Während mit ihnen eine neue Epoche in der Geschichte des naturwissenschaftlichen Denkens begann, löste sich die moderne Physik nicht gänzlich von der klassischen Physik, sondern verband sich vielmehr immer enger mit ihr. EINSTEIN selbst war so sehr von der Richtigkeit seiner Annahmen überzeugt, daß er sich weniger als andere um die experimentelle Kontrolle seiner Theorien bemühte. Er war davon überzeugt, daß die Erfahrung seine Theorie bestätigen würde. Die Relativitätstheorie ist vor allen Dingen eine physikalische Theorie über Raum, Zeit und Gravitation, und höchstes Kriterium ihrer Wahrheit bleibt natürlich die experimentelle Bestätigung. Deshalb wurde in der physikalischen und philosophischen Literatur in der betrachteten Periode solchen Fragen große Aufmerksamkeit gewidmet: Inwiefern ist die neue Theorie experimentell begründet? Wenn sie eine experimentelle Begründung hat, inwiefern sind die Experimente selbst zuverlässig? Kann man noch genauere Effekte einbeziehen? Läßt sich vielleicht die Gesamtheit von Fakten, zu deren Erklärung die neue Theorie geschaffen wurde, bereits im Rahmen der klassischen, vorrelativistischen Vorstellungen erklären?

Alle diese Fragen waren in den 20er Jahren völlig berechtigt. Ihre Beantwortung hatte einen wesentlichen Einfluß auf den Kampf der erkenntnistheoretischen Schulen und Richtungen. Kompliziert wurden Entscheidungen dadurch, daß es experimentell unmöglich gewesen wäre, eine Wahl zwischen der LORENTZschen Kontraktionshypothese und der EINSTEINschen Relativitätstheorie zu treffen.[63]) Folglich kam den philosophisch-methodologischen Prinzipien besondere Bedeutung zu. Außerdem waren die relativistischen Effekte in der betrachteten Periode technisch derart schwer bestimmbar, daß das oft der Zukunft überlassen werden mußte. In diesem Sinne schrieb A. F. JOFFE: „Von einem rein praktischen Standpunkt aus ist die Bedeutung der Relativitätstheorie nicht besonders groß. Fast alle Erscheinungen der Mechanik und Physik, mit denen wir es im Leben und in der Technik zu tun haben, werden von der

Relativitätstheorie in solch unbedeutendem Grade berührt, daß der Unterschied zwischen ihr und der vorhergehenden Theorie für unsere Beobachtung unwesentlich ist und nur bei einigen seltenen Erscheinungen, die einige Feinheiten in den Eigenschaften der Atome oder Sterne bestimmen, kommt die Unzulänglichkeit der alten Theorien zum Ausdruck. Die Relativitätstheorie gab auch diesen Erscheinungen eine richtige Interpretation. Sie ist richtig, aber für die Beschreibung der Mehrzahl der Naturerscheinungen nicht erforderlich. Zu ihrer Kenntnis und folglich ihrer Beurteilung benötigt man eine gute mathematische Vorbereitung. Deshalb besteht kein Grund, diese Frage besonders schnell zu lösen. Wenn Zweifel aufkommen, ist es besser, ein Jahr zu warten, bis diese durch Experimente so oder so beseitigt werden können."[64])

Die Mehrzahl der Physiker und Philosophen in der UdSSR unterstrich, daß die Relativitätstheorie kein absolut privilegiertes Bezugssystem auszeichnet. Sie bezweifelten nicht die experimentellen Daten, die zur Relativitätstheorie geführt hatten und diese bestätigten. In den Lektionen L. I. Mandelštams zu Beginn der 30er Jahre wurde der experimentellen Basis der neuen Theorie eine große Aufmerksamkeit gewidmet. L. I. Mandelštam machte deutlich, daß die Frage, ob die Relativitätstheorie richtig oder falsch sei, keine logische, sondern eine praktische Frage, eine Frage der Erfahrung wäre. Nur von diesem Standpunkt aus könne man mit der Relativitätstheorie übereinstimmen oder nicht übereinstimmen.[65]) A. A. Friedman betonte den zwingenden Charakter der grundlegenden Prinzipien der Einsteinschen Theorie.[66])

Die experimentellen Daten, die der neuen Theorie zugrunde lagen, sprachen gegen die antirelativistisch eingestellten Physiker und Philosophen. S. Ju. Semkovskij bemerkte insbesondere, daß „die experimentelle Überprüfung der ‚Rotverschiebung' in der letzten Zeit der Theorie Einsteins den größten Triumph brachte".[67])

Ein tieferes Verständnis der experimentellen Grundlagen der Relativitätstheorie ermöglichte S. I. VAVILOVS Werk „Experimentelle Grundlagen der Relativitätstheorie". Insbesondere zeigte er in dieser Arbeit überzeugend, daß „die Unabhängigkeit der Lichtgeschwindigkeit von der Bewegung der Quelle eines der sichersten Resultate physikalischer und astronomischer Beobachtungen ist".[68]) Dagegen widersprechen die Versuche, den Ausgang des MICHELSON-Experiments und das Prinzip der Unabhängigkeit der Lichtgeschwindigkeit von der Bewegung der Quelle über verschiedene Hypothesen mit der Existenz des Äthers zu versöhnen, dem umfangreichen experimentellen Datenmaterial. A. F. JOFFE bemerkte: „So wie der Mißerfolg, ein perpetuum mobile zu konstruieren, zum Gesetz der Erhaltung der Energie führte, schuf der Mißerfolg des Versuchs, Gold aus anderen Metallen zu erhalten, die Grundlage für die Vorstellung über die Elemente in der Chemie. Die Unmöglichkeit, einen Motor zu bauen, der mit der Wärme des umgebenden Mediums arbeitet, liegt dem zweiten Hauptsatz der Thermodynamik zugrunde. — Ebenso führten auch vor 20 Jahren die sich ständig wiederholenden Mißerfolge, die absolute Bewegung im Raum festzustellen, Einstein zur Relativitätstheorie".[69])

L. D. LANDAU bemerkte insbesondere: „Die klassischen Arbeiten Einsteins zeigen, daß die endliche Geschwindigkeit der Ausbreitung des Lichtes keine spezielle Eigenschaft des elektromagnetischen Feldes ist, sondern eine Eigenschaft aller Erscheinungen der Natur. Im weiteren wurden die Resultate Einsteins völlig durch das Experiment bestätigt".[70]) Für L. D. LANDAU stand fest, daß „die Bewegung der Erde überhaupt keinen Einfluß auf die Ausbreitung des Lichtes hat, was unmöglich wäre, wenn sich das Licht in einem Medium ausbreiten würde, relativ zu dem sich die Erde bewegt".[71])

Ungeachtet der schwerwiegenden Einwände, die marxistische Philosophen und materialistische Physiker vorbrachten, verteidigten die Gegner der Relativitätstheorie nach wie vor ihre antirelativistischen Positionen. I. E. ORLOV kam bei der Analyse von drei bekannten experimentellen Bestätigungen der EINSTEINschen Ansichten zu der Schlußfolgerung: „Wir würden die genannten Erscheinungen anders benennen: nicht Überprüfung der Theorie Einsteins, sondern Assimilation einiger Folgerungen der Einsteinschen Theorie durch die klassische Physik ... Die klassische Physik wendet viele dieser Folgerungen an ... Man muß dafür die klassische Physik nur ein wenig ergänzen und ihre Voraussetzungen modifizieren. So folgt die Abhängigkeit der Masse von der Geschwindigkeit aus der Elektronentheorie in Übereinstimmung mit der klassischen Physik; die Ablenkung von Lichtstrahlen im Schwerefeld kann aus der klassischen elektromagnetischen Theorie abgeleitet werden; die Bewegung des Merkurs läßt sich übereinstimmend mit den Voraussetzungen der klassischen Physik beschreiben".[72]) A. K. TIMIRJAZEV erklärte mit der ihm eigenen Entschiedenheit, daß *„die Versuche, die die Konstanz der Lichtgeschwindigkeit beweisen, nirgendwo und von niemandem ausgeführt wurden"*.[73]) Dabei interpretierte er den bekannten MICHELSON-MORLEY-Versuch als Nachweis für die Existenz des Äthers.

Der Kampf gegen die Relativitätstheorie nahm besonders scharfe Formen an, nachdem im Jahre 1925 die von dem amerikanischen Physiker D. MILLER erzielten Resultate zahlreicher Experimente zur Feststellung des „Ätherwindes" publiziert worden waren.

D. MILLER beschäftigte sich mehr als 20 Jahre mit der Wiederholung des MICHELSON-Versuchs. Auf der Grundlage zahlreicher Daten kam er zu dem Schluß: „Es existiert eine bestimmte Verschiebung der Interferenzlinien, die auf dem Mount Wilson einer Relativbewegung der Erde zum Äther mit einer Geschwindigkeit von ungefähr 10 km/s entspräche, d. h. etwa einem Drittel der Bahngeschwindigkeit der Erde. Beim Vergleich dieses Resultates mit früheren Beobachtungen in Cleveland liegt der Gedanke nahe ..., daß der Versuch Michelson-

Morleys kein negatives Resultat liefern konnte und nach aller Wahrscheinlichkeit auch niemals ein solches Resultat ergab".[74])

Das wachsende Interesse an den Resultaten von MILLER ist damit erklärt, daß diese Ergebnisse von einigen Gelehrten als Widerlegung eines der grundlegenden Postulate EINSTEINS verstanden wurden. Es ist bekannt, daß das negative Resultat des MICHELSON-Versuchs als experimentelle Grundlage der speziellen Relativitätstheorie angesehen wird. In der UdSSR wurden unter Redaktion und Leitung von A. K. TIMIRJAZEV einige Artikel publiziert, die die Gegner der Theorie EINSTEINS unterstützten. D. MILLERS Artikel wurde in der Zeitschrift „Unter dem Banner des Marxismus" gemeinsam mit anderen Arbeiten dieser Richtung veröffentlicht.

Während A. K. TIMIRJAZEV[75]) und die Physiker, die im Ausland gegen die Theorie EINSTEINS auftraten, darin eine Bestätigung ihrer mechanistischen Anschauungen sahen, stellten die Gegner des amerikanischen Gelehrten die wissenschaftliche Bedeutung seiner Versuche in Frage. Das hinderte A. K. TIMIRJAZEV nicht festzustellen: „Die ganze spezielle Relativitätstheorie wurde hinweggefegt, da sie von den LORENTZ-EINSTEIN-Transformationen ausgeht, die mit dem Prinzip der Konstanz der Lichtgeschwindigkeit operierten. Aber dieses Prinzip ist jetzt durch 9000 sorgfältige Messungen widerlegt".[76])

Derartige kategorische Behauptungen zu den Versuchen MILLERS stießen auf den Widerspruch der Mehrzahl sowjetischer Gelehrter. Gegen A. K. TIMIRJAZEVS Behauptungen trat beispielsweise O. D. CHVOLSON auf. Er wies darauf hin, daß zahlreiche Experimente, die Versuche MILLERS ausgenommen, für die Relativitätstheorie sprechen: „Diese wichtige Tatsache muß uns zwingen, mit besonderer *Vorsicht* an jene Forschungen heranzugehen, deren Resultat der Relativitätstheorie widerspricht".[77]) O. D. CHVOLSON kritisierte besonders scharf die Einschätzung von A. K. TIMIRJAZEV, der von S. JU. SEMKOVSKIJ längst widerlegt, behauptete, die

Relativitätstheorie sei antimaterialistisch. „Die Relativitätstheorie hat wie jede andere Theorie auch, die dem Aufbau unseres Weltverständnisses dient, einen rein *materialistischen* Charakter."[78]) A. F. JOFFE schrieb damals: „Die Relativitätstheorie ist gegenwärtig die beste Beschreibung der in der Natur beobachteten Eigenschaften der Dinge und die einzige, in der man keinen Widerspruch zu den bis jetzt bekannten Erscheinungen antrifft. Deshalb würde ich sagen, daß gegenwärtig die Relativitätstheorie die beste Grundlage für eine materialistische Weltanschauung ist".[79])

Das angeführte Material umreißt jenen komplizierten Weg, den die Relativitätstheorie ging, bis sie zu allgemeiner Anerkennung gelangte. Die kritische Analyse der widersprüchlichen Mitteilungen über den angeblich durch optische Methoden entdeckten „Weltäther", wurde in Artikeln von S. E. FRIŠ[80]), G. S. LANDSBERG[81]) und S. I. VAVILOV[82]) unternommen.

In diesen Arbeiten verteidigten die Autoren die Ausgangsthesen der Relativitätstheorie, lenkten die Aufmerksamkeit auf die Widersprüchlichkeit der experimentellen Daten, die die theoretischen Vorstellungen EINSTEINS über Raum, Zeit und Bewegung in Frage gestellt hätten. Am vollständigsten wurden die Resultate der Versuche D. MILLERS von S. I. VAVILOV analysiert. Er benutzte dabei Arbeiten von THURING, TOMASEK, TROUTON, NOBEL und anderen Physikern und kam zu der Folgerung, daß „von einer Widerlegung der Theorie zu sprechen, in jedem Fall verfrüht ist". In dieser Arbeit erkannte der sowjetische Gelehrte schon klar den Zusammenhang und den Unterschied zwischen allgemein-physikalischen und philosophischen Vorstellungen einerseits und der Interpretationen experimenteller Daten andererseits: „Die Kapazität und die Flexibilität dieser Theorie (der Relativitätstheorie — K. D.) ist noch nicht erschöpfend behandelt, und in den Versuchen Millers muß man die Beobachtung von ihrer Interpretation unterscheiden".[83]) Und weil „die Interpretation von Miller, den Effekt als

Resultat der Bewegung des ganzen Sonnensystems anzusehen Zweifel hervorruft“[84]), warnte S. I. VAVILOV vor verfrühten, überstürzten Schlußfolgerungen, die zur Ablehnung der Relativitätstheorie führten.

Dadurch wurde die Vertiefung wissenschaftlich-materialistischer Vorstellungen über die Welt erleichtert. In einigen Arbeiten allerdings wurde die philosophische Argumentation nur unzureichend genutzt. Viele Physiker kannten damals den dialektischen Materialismus noch nicht, taten aber die ersten Schritte in diese Richtung. Die Verteidigung von Auffassungen, die mit EINSTEINS Namen verknüpft waren, machte die Einbeziehung der Errungenschaften der wissenschaftlichen Philosophie erforderlich, weil besonders die Gegner der neuen physikalischen Theorien nicht nur physikalische, sondern auch philosophische Argumente benutzten.

Auf dem V. Kongreß der sowjetischen Physiker wiederholte A. K. TIMIRJAZEV seine Angriffe gegen die EINSTEINsche Theorie. Sein Vortrag stieß auf Ablehnung bei bekannten sowjetischen Physikern, insbesondere bei A. F. JOFFE, der auf die unbefriedigenden Versuchsbedingungen MILLERS hinwies. Er kam zu der Folgerung, daß dieser Versuch vielmehr „für die Relativitätstheorie und die von ihr formulierten Gesetze spricht“. Die Position A. K. TIMIRJAZEVS wurde damals ebenfalls in der Zeitschrift „Unter dem Banner des Marxismus“ von B. M. GESSEN und V. P. EGORŠIN verurteilt.[85])

Diese Überwindung der mechanistischen Ansichten zur Relativitätstheorie erleichterte die allseitige Kritik am Mechanizismus als philosophischer Richtung.

Im weiteren trug die Diskussion zur speziellen Relativitätstheorie zunehmend positive Züge, obgleich einzelne Versuche von seiten der Gegner der Relativitätstheorie noch nicht völlig aufhörten. Insgesamt aber einigten sich die konsequenten marxistischen Philosophen darüber, daß die Frage nach der Wechselbeziehung des dialektischen Materialismus und der Relativitätstheorie „mehr oder weniger als gelöst angesehen werden kann. Die Elemente der Dialektik in der Relativitätstheorie treten klarer hervor als in einer beliebigen anderen modernen Theorie".[86])

Diese von der II. Allunionskonferenz der marxistisch-leninistischen Einrichtungen getroffene Feststellung bestimmte den Charakter der nachfolgenden Diskussionen zu philosophischen Fragen der Relativitätstheorie und erleichterte die Bearbeitung ihrer physikalischen und philosophischen Fragen.

Die meisten Teilnehmer der folgenden Diskussion zu methodologischen Problemen der wissenschaftlichen Erkenntnis unterstützten A. F. JOFFES Feststellung, daß die Relativitätstheorie „ein solch unerschütterliches Prinzip der modernen Physik geworden sei wie der Energieerhaltungssatz."[87])

Das dialektisch-materialistische Herangehen gab die Möglichkeit, viele aufgetretene Schwierigkeiten im Erkenntnisprozeß zu überwinden und philosophische Probleme der sich entwickelnden physikalischen Theorie zu lösen. Diese Erfolge wurden in komplizierten Auseinandersetzungen sowohl mit mechanistischen Anschauungen, die objektiv die Wissenschaftsentwicklung hemmen, als auch mit verschiedenen idealistischen Auffassungen erzielt. Relativitätstheorie und Quantenmechanik demonstrieren in gleicher Weise die Wissenschaftlichkeit und Notwendigkeit des von LENIN geforderten Bündnisses des dialektischen Materialismus mit den Naturwissenschaften.

Gegen Ende der 30er Jahre wurde in der Sowjetunion die Wissenschaftlichkeit der Relativitätstheorie als physikalische Theorie des Raumes und der Zeit fast nirgends mehr bezweifelt. Das kam auf der Jubiläumssession der Akademie der Wissenschaften der UdSSR aus Anlaß des 25. Jahrestag der Großen Sozialistischen Oktoberrevolution (1942) deutlich zum Ausdruck, auf der es hieß, daß die Relativitätstheorie alte metaphysische Vorstellungen über Raum und Zeit abgebaut hat: „In der neuen Physik erhielten wir eine *dialektische Lehre von der Einheit von Raum und Zeit, Materie und Bewegung*. Der ... physikalische Inhalt der Relativitätstheorie ... stellt einen *Schritt vorwärts bei der Aufdeckung der dialektischen Gesetzmäßigkeiten der Natur dar*".[88])

5. Schlußbemerkungen

Unsere Analyse des historischen Materials zeigt die Haltlosigkeit und die Stoßrichtung der Behauptungen einer Reihe bürgerlicher Philosophen über die Unvereinbarkeit von dialektischem Materialismus und Relativitätstheorie und über ihr „Verbot" in der UdSSR. Die sowjetischen Philosophen und Physiker, die auf den Positionen des dialektischen Materialismus standen, schätzten die Relativitätstheorie auf Grund ihrer wissenschaftlichen, dialektisch-materialistischen Bedeutung sehr hoch ein und nahmen aktiv an der Ausarbeitung der von ihr aufgeworfenen Probleme teil. Lenin folgend wiesen sie die Angriffe von Idealisten und mechanistischen Materialisten gleichermaßen zurück.

Die Geschichte der philosophischen Diskussionen der 20er und 30er Jahre ist außerordentlich aufschlußreich. Sie bestätigt die Wahrheit eines der Prinzipien des dialektischen Materialismus, nämlich die dialektische Einheit von Sinnlichem und Rationalem, Empirischem und Theoretischem in der Erkenntnis. Der grundlegende Fehler der Gegner der relativistischen Physik bestand nicht darin, daß sie diesen oder jenen experimentellen Fakt anzweifelten, der zur neuen Theorie führte. Ein solcher Zweifel ist in der Wissenschaft notwendig und produktiv. Ihr entscheidender Fehler bestand vielmehr darin, daß die Gesetze der klassischen Mechanik als die einzig möglichen Gesetze der Physik angesehen wurden. Die Vertreter der vorrelativistischen Physik vermochten die Absolutheit, die Universalität der Gesetze der klassischen Physik nicht zu überwinden. Die Behauptungen der klassischen Mechanik wurden von ihren Vertretern in philosophische Prinzipien verwandelt, denen die Realität sich unterzuordnen hatte. Die Gesetze der klassischen NEWTONschen Mechanik wurden dem Experiment und der gesamten objektiven Realität entgegengestellt: Wenn bestimmte Tatsachen nicht in dieses Schema paßten, umso schlimmer für sie. Es gab nur die Möglichkeit, daß während des Experimentes ein Fehler zugelassen wurde oder der entsprechende experimentelle Fakt anders erklärt werden mußte. Das System der vorrelativistischen Physik wurde zum Ideal der Erkenntnis. Das Ziel der Erkenntnis wurde auf die Bestätigung der Wahrheit dieses Ideals reduziert. Der Sinn der Erklärung bestand ausschließlich in einer mechanistischen Interpretation der Erscheinungen unter Ausnutzung des kategorialen Systems der klassischen Mechanik.

Wie HEINRICH HERTZ bemerkte, ist es nach Meinung vieler Physiker direkt undenkbar, sich vorzustellen, daß die Erfahrung einer beliebig fernen Zukunft noch irgendetwas an den unerschütterlich feststehenden Prinzipien der Mechanik ändern könnte.[1]) Charakteristisch für diese Geisteshaltung ist die Feststellung, daß es auf den ersten Blick wenig wahrscheinlich scheine, daß ein Zweifel an der logischen Zulässigkeit des mechanistischen Weltbildes möglich wäre.[2]) Solche Meinungen, die man, unterschiedlich formuliert, in zahlreichen Arbeiten antraf, zeigen wie weit das existierende mechanistische Weltbild ontologisiert war. Die Prinzipien der NEWTONschen Mechanik erhielten unmerklich den Status eines philosophischen Modells der Welt. Die Forderung nach Anschaulichkeit und mechanischen Modellen wurde durch die Traditionen und Gewohnheiten unterstützt.

Die neuen relativistischen Ideen setzten auch die Überwindung einer *psychologischen* Barriere voraus. O. D. CHVOLSON schrieb: „Um in die ... neue Lehre einzudringen, sind eine lange beharrliche Arbeit und Selbstüberwindung erforderlich".[3]) Die marxistischen Philosophen unternahmen viele Anstrengungen, um die erkenntnistheoretischen Probleme zu klären, die mit der Relativitätstheorie aufgeworfen wurden.

S. Ju. Semkovskij sprach klar aus: „Es wäre pure Naivität zu denken, daß der Sieg der neuen Theorie, die eine Revolution in der Wissenschaft darstellt, so geschehen könnte, daß sie von Anfang an auf keine Widersprüche stößt. Vielmehr ist man lange Zeit bestrebt, die neuen Fakten in den Rahmen der alten Theorie hineinzupressen, die jedem Fakt im einzelnen seine Erklärung gibt. Dabei verliert diese immer mehr ihre strukturelle Einheit ... Auf ein ‚experimentum crucis' muß man manchmal sehr lange warten. Aber den Sieg der neuen Theorie garantiert ihre *methodologische Überlegenheit, ihre strukturelle* Ganzheit."[4])

Der grundlegende Fehler der Gegner der neuen Ideen bestand also in der Überschätzung des mechanistischen Weltbildes, des mechanistischen Ideals der Erkenntnis. In einer solchen Situation besteht eine der grundlegenden Aufgaben der Philosophie darin, die Relativität dieses Ideals herauszuarbeiten.

Die Resultate der neuen Etappe in der Entwicklung der wissenschaftlichen Erkenntnis aufzunehmen, bedeutete also neue Forderungen für das Ideal der Erkenntnis, Ziel und Sinn von Erklärungen auszuarbeiten. Dies zu tun ist nicht sofort voll gelungen. Viele Wissenschaftler waren durch Traditionen und Gewohnheiten gehemmt und nahmen deshalb die neue Theorie nicht auf. Es bewahrheitete sich leider das Wort von M. Planck „Eine neue große wissenschafliche Idee pflegt sich nicht in der Weise durchzusetzen, daß ihre Gegner allmählich überzeugt und bekehrt werden — daß aus einem Saulus ein Paulus wird, ist eine große Seltenheit —, sondern vielmehr in der Weise, daß die Gegner allmählich aussterben und daß die heranwachsende Generation von vornherein mit der Idee vertraut gemacht wird."[5])

Um die Tradition zu überwinden, die Relativität der überkommenen Werte zu erkennen, war es notwendig, vom metaphysischen mechanistischen Materialismus zum dialektischen Materialismus überzugehen. Das wurde besonders dringlich beim Übergang zur Quantenmechanik, in der vor allem die dialektisch-materialistische Lösung der Subjekt-Objekt-Beziehungen, des Problems der physikalischen Realität und des Zustandes eines physikalischen Systems, der Kausalität u. a. erforderlich wurden. Diese Fragen führten zu einer noch leidenschaftlicher ausgetragenen Diskussion als das in der Relativitätstheorie der Fall war. Viele philosophische Probleme der Quantenmechanik beschäftigen auch heute noch die Aufmerksamkeit zahlreicher Physiker, Mathematiker und Philosophen. Während die philosophischen Fragen der speziellen Relativitätstheorie weitestgehend geklärt sind, richtet sich die Aufmerksamkeit im Bereich der Relativitätstheorie seit den sowjetischen Diskussionen der 40er und 50er Jahre zunehmend auf die wesentlich komplizierteren Fragen der allgemeinen Relativitätstheorie, der Gravitationstheorie und der Kosmologie.

Anmerkungen

Anmerkungen zum Vorwort des Herausgebers

1) W. I. LENIN: Werke, Bd. 14, S. 316.
2) S. MÜLLER-MARKUS: Einstein und die Sowjetphilosophie, Dordrecht 1960.
3) L. R. GRAHAM: Dialektischer Materialismus und Naturwissenschaften in der UdSSR, I. Teil, Frankfurt/M. 1974, S. 14.
4) Heute gibt es auch in unserer Republik zahlreiche Arbeiten von marxistisch-leninistischen Autoren zu philosophischen Problemen der Relativitätstheorie und den philosophischen Auffassungen ALBERT EINSTEINS. Hier seien nur die folgenden angeführt:
F. HERNECK: Albert Einstein, Berlin 1963;
HÖRZ, GRIESE: Philosophie und Naturwissenschaft, Berlin 1968;
H. HÖRZ: Physik und Weltanschauung, Berlin 1968;
B. G. KUZNECOV: Von Galilei bis Einstein, Berlin 1970;
Relativitätstheorie und Weltanschauung, Berlin 1967;
H.-J. TREDER: Relativität und Kosmos, Berlin 1970.

Anmerkungen zum Kapitel 1

1) Ю. В. САЧКОВ. О материалистическом истолковании квантовой механики. М., 1959; derselbe. Введение в вероятностный мир. М., 1972; Г. А. СВЕЧНИКОВ. Категория причинности в физике. М., 1961; derselbe. Причиность и связь состояний в физике. М., 1971; И. Т. ФРОЛОВ. Генетика и диалектика. М., 1966; В. С. ГОТТ. Философские вопросы современной физики. М., 1967; 2-е издание, 1972; И. С. АЛЕКСЕЕВ. Развитие представлений о структуре атома. Философский очерк. Новосибирск, 1968; П. С. ДЫШЛЕВЫЙ. Ленин и философские проблемы релятивистской физики. Киев, 1969; Б. М. КЕДРОВ. Ленин и революция в естествознании XX века.

М., 1970; П. В. Алексеев. Марксистско-ленинская философия и медицина в СССР. М., 1970.

[2]) Б. Г. Кузнецов. Основы теории относительности и квантовой механики в их историческом развитии. М., 1957; derselbe. Развитие физических идей от Галилея до Эйнштейна в свете современной науки. М., 1963; derselbe. Эйнштейн. Жизнь. Смерть. Бессмертие. М., 1972; П. С. Кудрявцев. История физики, т. I—III. М., 1948—1971; А. Н. Вяльцев. Дискретное просранство-время. М., 1965; Б. И. Спасский. История физики, ч. I. М., 1956; ч. II. М., 1964; У. И. Франкфурт. Специальная и общая теория относительности. М., 1969.

[3]) H. Falk: Die Weltanschauung des Bolschewismus, Würzburg 1956, S. 24.

[4]) D. Juravsky: Soviet marxism and natural science, 1917 bis 1932, New York 1967, p. 312.

[5]) Ф. Франк. Философия науки. М., 1960, стр. 287.

[6]) Г. Е. Об отношении А. Тимирязева к современной науке. — «Под знаменем марксизма», 1927, № 2—3.

[7]) Einige Aspekte dieses Prozesses werden im Artikel des Autors «Пути становления союза философии и физики в СССР в 20-е годы». — «Философские науки», 1971, № 1, betrachtet.

[8]) М. Т. Иовчук. Из истории становления советской философской науки. — «Вестник Академии наук СССР», 1972, № 8, стр. 57.

[9]) А. К. Столяров. Диалектичесский материализм и механисты. Л., 1930, стр. 18.

[10]) См. Л. А. Коган. Ленинизм и борьба с позитивистскими тенденциями в первые годы после Октября. — in: Ленинизм и современные проблемы историко-философской науки. М., 1970.

[11]) W. I. Lenin: Werke, Bd. 31, S. 364.

[12]) О. Ю. Шмидт. О положении на фронте естествознания. — in: За поворот на фронте естествознания. М.—Л., 1931, стр. 8.

[13]) А. Варьяш. История новой философии, т. 1, ч. 1. М.—Л., 1926, стр. 13.

[14]) Задачи марксистов в области естествознания. Труды Второй Всесоюзной конференции марксистско-ленинских учреждений. М., 1930, стр. 32.

[15]) С. И. Вавилов. Ленин и современная физика. М., 1949, стр. 15.
[16]) П. В. Алексеев. В. И. Ленин о союзе философии и естествознания. М., 1964, стр. 22.
[17]) W. I. Lenin: Werke, Bd. 33, S. 219.
[18]) Ebenda, S. 220.
[19]) W. I. Lenin: Werke, Bd. 14, S. 353.
[20]) W. I. Lenin: Werke, Bd. 33, S. 218.
[21]) Ebenda, S. 219.
[22]) Vgl. Вл. Кац. Орган воинствующего материализма «Под знаменем марксизма», ежемесячный философский и общественно-экономический журнал. — «Под знаменем марксизма», 1922, № 6, стр. 115.
[23]) П. В. Копнин. В. И. Ленин и материалистическая диалектика. Киев, 1969, стр. 12.
[24]) W. I. Lenin: Werke, Bd. 33, S. 220.
[25]) Zur Tätigkeit dieser Gesellschaft siehe: П. В. Алексеев. Первый всесоюзный центр по разработке философских проблем естествознания. — «философские науки», 1972, № 4.
[26]) W. I. Lenin: Werke, Bd. 33, S. 220.
[27]) Ebenda.
[28]) Karl Marx/Friedrich Engels: Werke, Bd. 20, S. 330.
[29]) Ebenda, S. 330—331.
[30]) А. Варьяш. Некоторые проблемы современной физики и диалектический материализм. — in: Диалектика в природе. Сборник по марксистской методологии естествознания, № 2. Вологда, 1926, стр. 62.
[31]) А. Болотников. А. Пуанкаре и его методология физико-математических наук. — in: Диалектика в природе. Сборник по марксистской методологии естествознания, № 1. Вологда. 1925. стр. 115—116.
[32]) W. I. Lenin: Werke, Bd. 19, S. 4.
[33]) K. Korsch: Marxismus und Philosophie, Frankfurt/M. 1966, S. 74.
[34]) K. Kautsky: Ein Brief über Marx und Mach. — in: „Der Kampf“, Wien 1909, 2. Band, S. 452.
[35]) С. Минин. Философию за борт! — «Под знаменем марксизма», 1922, № 5—6, стр. 127.
[36]) А. К. Тимирязев. Предисловие редактора. — in: философия науки. Естественнонаучные основы материализма, вып. 1, ч. 1. М., 1923, стр. 5.

[37]) Ebenda.

[38]) З. А. Цейтлин. Пуризм и стихийный диалектический материализм. — in: М. Планк. От относительного к абсолютному. Вологда, 1925, стр. 10—11.

[39]) А. К. Тимирязев. Из области наших разногласий с тов. Дебориным. — in: Диалектика в природе, № 3. Вологда, 1928, стр. 46—47.

[40]) W. I. Lenin: Werke, Bd. 33, S. 219.

[41]) Ebenda, S. 220.

[42]) П. В. Алексеев. В. И. Ленин о союзе марксистско-ленинской философии и естествознания и борьба за этот союз в первые годы Советской власти. М., 1963, стр. 279—280 »рукопись кандидатской диссертации, хранится в Ленинской библиотеке в Москве).

[43]) Б. З. Винокуров, П. С. Кудрявцев. Развитие физики в 20-х годах и работа В. И. Ленина «О значении воинствующего материализма». — В сб.: Некоторые философские проблемы физики, вып. 1. М., 1970.

[44]) А. К. Тимирязев. Строение атома. — «Физика», 1914, № 3.; derselbe. Старое и новое в физике. — «Летопись», 1916, ноябрь.

[45]) A. K. Timirjazev: Einstein, der Materialismus und Genosse Golcman; derselbe: Die Einsteinsche Relativtiätstheorie und der dialektische Materialismus; derselbe: Die Einsteinsche Relativitätstheorie und der Machismus.

[46]) Б. Г. Кузнецов. Диалектика, естественные науки и техническая реконструкция, М.-Л., 1931, стр. 31.

[47]) М. Вологирова. Ленинская идея союза философов-марксистов и естествоиспытателей и ее современное значение. — in: Вопросы философского наследия В. И. Ленина. М., 1970, стр. 82.

[48]) О партийной и советской печати. Сборник документов. М., 1954, стр. 406—407.

[49]) В. И. Клушин. Первые ученые-марксисты Петрограда. Историко-социологические очерки. Л., 1971, стр. 160.

[50]) Siehe I. I. Skvorcov-Stepanov: Historischer Materialismus und moderne Naturwissenschaft.

[51]) А. Деборин. Книга для чтения по истории философии, т. 2. М., 1925, стр. 656.

[52]) Собрание сочинений Н. Ленина. — «Под знаменем марксизма», 1922, № 4, стр. 129.

[53]) Zur kritischen Analyse solcher Anschauungen siehe: «История философии», т. 6, ч. 1. М., 1965.

[54]) В. В. Адоратский. Марксисткая диалектика в произведениях Ленина. — «Печать и революция», 1922, № 2; derselbe. О теории и практике ленинизма. М., 1924; derselbe. О работах Ленина по философии. — «Вестник Коммунистической Академии», 1929, кн. 32; derselbe. О теоретических основах марксизма-ленинизма. — «Большевик», 1931, № 17—18; А. М. Деборин. Ленин как мыслитель. М., 1924; derselbe. Ленин — воинствующий материалист. — «Под знаменем марксизма», 1924, № 1—2; derselbe. Современные проблемы философии марксизма. — «Вестник Коммунистической Академии», 1929, кн. 32. И. К. Луппол. Ленин в борьбе за диалектический материализм. — «Молодая гвардия», 1924, № 2—3; derselbe. Ленин в борьбе за диалектический материализм. Л., 1924; derselbe. Ленин и философия, 2-е изд. М.—Л., 1929; В. Невский, Материалистические взгляды Ленина в его первых работах. — «Молодая гвардия», 1924, № 2—3; derselbe. Ленин. — «Под знаменем марксизма», 1924, № 1—2; Гр. Баммель. Философский метод Ленина и некоторые черты современного ревизионизма. — «Воинствующий материализм», 1925, № 2; derselbe. Ленин и проблема логики в марксизме. — «Под знаменем марксизма», 1929, № 4. В. В. Быстрянский. Ленин как материалист-диалектик. Л., 1925; М. Б. Митин. О философском наследстве В. И. Ленина. — «Вестник Коммунистической Академии» ,1932. № 7, до 8, и др.

[55]) In erster Linie muß man dabei auf die Arbeit A. M. Deborins „Lenin als Denker" verweisen, in der der Autor den Theoretiker Plechanov dem Praktiker Lenin gegenüberstellte.

[56]) siehe: «История философии», т. 6, ч. 1 и 2. М., 1965, und: Б. В. Богданов, М. Т. Иовчук, В. М. Каганов. Философская наука в СССР. — in: Философская энциклопедия. т. 5. М., 1971.

[57]) А. Деборин: Ленин как мыслитель. М., 1924, стр. 44.

[58]) Siehe S. Ju. Semkovskijs Artikel „Dialektischer Materialismus und Relativitätsprinzip".

[59]) А. М. Деборин. Гегель и диалектический материализм. — Философия и марксизм. М.—Л., 1930, стр. 341.

[60]) Ebenda, kursiv vom Autor.

[61]) А. М. Деборин: Ленин и кризис новейшей физики. — Философия и политика. М., 1961, стр. 436.

[62]) Б. М. Гессен: Основые идеи теории относительности. М., 1928, стр. 69.

[63]) С. И. Вавилов. Новая физика и диалектический материализм. — В кн.: «Материализм и эмпириокритицизм» Ленина и современная физика. М., 1939, стр. 70.

[64]) Задачи марксистов в области естествознания. Труды Второй Всесоюзной конференции марксистско-ленинских учреждений, вып. 2. М., 1929, стр. 13.

[65]) Б. М. Гессен: Основые идеи теории относителгности. М., 1928, стр. 122.

[66]) Ebenda, S. 124.

[67]) Белинский. Постранство, время и движение. М., 1937, стр. 56.

[68]) Б. М. Гессен. Основные идеи теории относительности, стр. 174.

[69]) А. Гольцман. Наступление на материализм. — «Под знаменем марксизма», 1923, № 1, стр. 89.

[70]) Диалектический и исторический материализм. М., 1933, стр. 114. ред. М. В. Митин.

[71]) W. I. Lenin: Werke, Bd. 33, S. 219.

[72]) В. В. Быстрянский. Ленин как материалист-диалектик. Л., 1928, стр. 132—133.

[73]) W. I. Lenin: Werke, Bd. 14, S. 292.

[74]) И. Орлов. Механика и диалектика в естествознании. — in: Диалектика в природе. Сборник по марксистской методологии естествознания, № 2. Вологда, 1926, стр. 109, 110.

[75]) Ebenda, S. 110.

[76]) А. Тимирязев. «Диалектика природы» Энгельса и современная физика. — «Воинствующий материализм». М., 1925, кн. V.

[77]) И. Орлов. Механика и диалектика в естествознании. — in: «Диалектика в природе», № 2, стр. 117.

[78]) С. Ю. Семковский. Диалектический материализм и принцип относительности. Л.—М., 1926, стр. 202.

[79]) Ebenda, S. 204—205.

[80]) Ebenda, S. 205.

[81]) W. I. Lenin: Werke, Bd. 14, S. 251.

[82]) С. Ю. Семковский. Диалектический материализм и принцип относительности, стр. 7—8.

[83]) М. В. Попович. О философском анализе языка науки. Киев, 1966, стр. 35.

[84]) Vgl. W. I. Lenin: Werke, Bd. 14, S. 262—263.

[85]) Vgl. Д. Холтон. Эйнштейн о физической реальности. — Эйнштейновский сборник. 1969—1970 гг. М., 1970, стр. 209.

[86]) M. Planck: Wege zur physikalischen Erkenntnis, Leipzig 1944, S. 20.

[87]) Д. Холтон. Эйнштейн о физической реальности. — Эйнштейновский сборник. 1969—1970 гг., стр. 208.

[88]) Vgl. Т. Горнштейн. Махизм и современная физика. — «Проблемы марксизма», 1930, № 2.

[89]) И. Орлов. Классическая физика и релятивизм. — «Под знаменем марксизма», 1924, № 3, стр. 61.

[90]) Ebenda, S. 57.

[91]) Z. A. Cejtlin anerkannte die allgemeine Relativitätstheorie in ihrer „Descartesschen“ Interpretation.

[92]) Д. И. Блохинцев. В чем заключаются основные особенности квантовой механики. — «Советская наука», 1938, № 4, стр. 48.

[93]) А. Поликаров: Относительность и кванты. Философские проблемы современной физики. М., 1966, стр. 57—58.

[94]) Б. З. Винокуров, П. С. Кудрявцев. Развитие физики в 20-х годах и работа В. И. Ленина «О значении воинствующего материализма». — in: Некоторые философские проблемы физики, вып. 1, стр. 43.

[95]) С. Ю. Семковский. Диалектический материализм и принцип относительности, стр. 211.

[96]) D. Joravsky: Soviet Marxism and Natural Science, 1917—1932, New York 1961.

[97]) S. Müller-Markus: Einstein und die Sowjetphilosophie. Krisis einer Lehre, Bd. 1, Dordrecht 1960.

[98]) Ph. Frank: Philosophy of Science, 1957.

[99]) Б. М. Кедров. Ленин и революция в естествознании XX века. М., 1969, стр. 173.

[100]) А. К. Тимирязев. физика, ч. II. М., 1926, стр. 93.

[101]) Б. М. Гессен, В. П. Егоршин. — «Под знаменем марксизма», 1927, № 3, стр. 222—223 (Rezension zum Sammelband: Диалектика в природе. № 2. Вогогда, 1926).

Anmerkungen zum Kapitel 2

[1]) 1913 hieß es beispielsweise: „Bisher nutzten verhältnismäßig wenige Philosophen die Gelegenheit, ihr Verhältnis zur neuen Konzeption der Zeit zu äußern, die in der Relativitätstheorie enthalten ist." (Фрейзешен-келлер. Проблемы времени. — in: Новые идеи в математике, 1913, № 3, стр. 129).

[2]) И. Е. Тамм. А. Эйнштейн и современная физика. — in: А. Эйнштейн и современная физика. М., 1956, стр. 87.

[3]) Ebenda, S. 88.

[4]) J. Bernal: Die Wissenschaft in der Geschichte, Berlin 1967, S. 25.

[5]) W. Heisenberg: Physik und Philosophie, Frankfurt/M. 1955, 139 S.

[6]) В. С. Уколов. К вопросу об эволюции мировоззрения Эйнштейна (1905—1936). — «Ученые записки Костромского Государственного педагогического института имени Н. А. Некрасова», вып. 25. Философские науки. Кострома, 1971, стр. 18.

[7]) E. Mach: Die Mechanik in ihrer Entwicklung, Leipzig 1920, S. 217.

[8]) E. Mach: Die Analyse der Empfindungen und das Verhältnis des Physischen zum Psychischen, Jena 1922, S. 257.

[9]) Ebenda, S. 300.

[10]) Ebenda, S. 253.

[11]) F. Herneck: Albert Einstein, Berlin 1963, S. 83.

[12]) E. Mach schrieb im Vorwort zu seiner „Optik", die erstmalig 1921 (nach seinem Tode) veröffentlicht wurde: „Ich ... muß es aber mit derselben Entschiedenheit ablehnen, den Relativisten vorangestellt zu werden, mit welcher ich die atomistische Glaubenslehre der heutigen Schule oder Kirche für meine Person abgelehnt habe." (E. Mach: Die Prinzipien der physikalischen Optik, Leipzig 1921, S. VIII).

[13]) Nachwort von S. I. Vavilov zu: М. Планк: Единство физической картины мира, М., 1966, стр. 49.

[14]) M. Planck: Wege zur physikalischen Erkenntnis, Leipzig 1944, S. 20—23.

[15]) П. Ланжевен. Физика за последние двадцать лет. Л., 1928.

[16]) Vgl.: Т. Н. Горнштейн. Махизм и современная физика. — «Проблемы марксизма», 1930, № 2.

[17]) F. Herneck: Albert Einstein, Berlin 1963, S. 119.

[18]) Шарль Нордман. Эйнштейн в Париже (Изложение теории и дискуссии). М., 1922, стр. 30.

[19]) I. S. Narskij: Positivismus in Vergangenheit und Gegenwart, Berlin 1967; В. С. Швырев. Неопозитивизм и проблемы эмпирического обоснования науки. М., 1966; М. В. Попович. О философском анализе языка науки. Киев, 1966.

[20]) А. Гольцман. Наступление на материализм. — «Под знаменем марксизма», 1923, № 1, стр. 83.

[21]) В. Невский. Реставрация идеализма и борьба с «новой буржуазией». — «Под знаменем марксизма», 1922, № 7—8, стр. 124.

[22]) E. Cassirer: Die Relativitätstheorie Einsteins, 1922.

[23]) A. Einstein: Ernst Mach, Physikalische Zeitschrift, IV. Folge, Bd. 17 (1916), S. 102.

[24]) С. Ю. Семковский. К спору в марксизме о теории относительности. — «Под знаменем марксизма», 1925, № 8—9, стр. 140.

[25]) Ebenda, S. 147.

[26]) Ebenda.

[27]) В. Базаров. Обзор научно-популярной литературы по теории относительности. — «Вестник Социалистической академии». М., 1923, кн. 3. стр. 340—341.

[28]) В. И. Вернадский. Кант и естествознание XVIII столетия. М., 1905, стр. 19.

[29]) С. Ю. Семовский. К спору в марксизме о теории относительности. — «Под знаменем марксизма», 1925, № 8 до 9, стр. 148.

[30]) J. Petzold: Das Weltproblem, Leipzig 1912, S. 48.

[31]) А. В. Васильев. Пространство, время, движение. Исторические основы теории относительности. Пг., 1923, стр. 47.

[32]) М. Д. VI Международный философский конгресс. — «Под знаменем марксизма», 1927, № 1—2, стр. 202.

[33]) В. Базаров. Обзор научно-популярной литературы по теории относительности. — «Вестник Социалистической академии». М., 1923, кн. 3, 329—330.

[34]) И. Б. Погребысский. Анри Пуанкаре. — in: Французская наука и современная физика. М., 1967, стр. 58.

[35]) Луи де Бройль. Жизнь и труды Гендрика Антона Лоренца. — in: По тропам науки. М., 1962, стр. 30.

[36]) Ebenda.

[37]) Vgl.: И. Б. Погребысский: Анри Пуанкаре. — in: Французкая наука и современная физика. М., 1967, стр. 60.

[38]) П. С. Александров. Пуанкаре и топология. — in: Избранные труды Пуанкаре. М., 1972, стр. 808.

[39]) К. Ланцош. Альберт Эйнштейн и строение космоса. М., 1967, стр. 101 (engl.: Lanczos, C.: Albert Einstein and the Cosmic World Order, New York—London—Sydney 1962).

[40]) Ebenda, S. 101—102.

[41]) А. А. Богданов: Принцип относительности с организационной точки зрения, — in: Теория относительности Эйнштейна и ее философское толкование, М., 1923, стр. 112.

[42]) Ebenda, S. 111.

[43]) А. А. Богданов. Очерки всеобщей организационной науки. Самара, 1921, стр. 62.

[44]) В. А. Базаров. Пространство и время в свете принципа относительности .— in: Теория относительности Эйнштейна и ее философское толкование, стр. 96.

[45]) Ebenda, S. 97.

[46]) П. Юшкевич. теория относительности и ее философское значение. — in: Теория относительности Эйнштейна и ее философское толкованне, стр. 123—124.

[47]) Ebenda, S. 140.

[48]) Ebenda, S. 149.

[49]) В. Вин. Теория относительности с точки зрения физики и теории познания. — in: Э. Фрейдлих. Основы теории тяготения Эйнштейна. М.—Л., 1923, стр. 26.

[50]) А. А. Богданов. Принцип относительности с организационной точки зрения. — in: Теория относительности Эйнштейна и ее философское толкование, стр. 109.

[51]) П. С. Юшкевич. Теория относительности и ее философское значение. — in: Теория относительности Эйнштейна и ее философское толкование, стр. 150.

[52]) М. Шлик. Время и постранство в современной физике. — in: Теория относительности Эйнштейна и ее философское толкование, стр. 59.

[53]) Е. С. Лондон. Принцип относительности, исправл. и доп. издание, Пг., 1923.

[54]) Guillome Apollinaire, Les peintres Cubistes. Méditations Esthétiques, Paris, 1913, p. 17.

[55]) Проф. В. Г. Богораз-Тан. Эйнштейн и религия. Применение принципа относительности к исследованию религиозных явлений. М.-Пг., 1923.

[56]) Neben den bereits genannten Arbeiten sind das vor allem: Ф. Ауэрбах. Пространство и время. М., 1922; Эрнст Кассирер. Теория относительности Эйнштейна. Пг., 1922; Павел Флоренский. Мнимости в геометрии. М., 1922; А. Эддингтон. Пространство, время и тяготение. Одесса, 1922; Анри Бергсон. Длительность и одновременность. Пг., 1923; Л. Гретц. Эфир и теория относительности. М., 1923; В. Арнольд. Теория относительности Эйнштейна. М., 1924; Р. Леммель. Принцип относительности. Л., 1924; Д. Ройс. Принцип относительности. М.—Л., 1928, и др.

Anmerkungen zum Kapitel 3

[1]) Ю. Шейн. Метафизика физики. — «Проблемы марксизма», 1931, № 2, стр. 94.

[2]) A. Einstein: Newtons Mechanik und ihr Einfluß auf die Gestaltung der theoretischen Physik, Naturwissenschaften, 1927, **15**, S. 274.

[3]) Ebenda.

[4]) Э. М. Чудинов. Пространство и время в современной физике. М., 1969, стр. 7.

[5]) Vgl.: В. С. Готт. Философские вопросы современной физики. М., 1972.

[6]) Siehe beispielsweise: L. de Broglie: Licht und Materie, Hamburg, 1958; Die Elementarteilchen, Hamburg 1944; Physik und Mikrophysik, Hamburg 1950.

[7]) C. Seelig: Albert Einstein, Zürich 1960, S. 116.

[8]) A. Sommerfeld: Elektrodynamik, Leipzig 1967, S. 193.

[9]) Л. И. Мандельштам. Полное собрание трудов, т. 5. М., 1950, стр. 164.

[10]) И. Е. Орлов. Логика естествознания, М.—Л., 1925, стр. 231.

[11]) W. I. Lenin: Werke, Bd. 38, S. 217.

[12]) С. Ю. Семковский. Теория относительности и материализм. Харьков, 1924, стр. 64—65.

[13]) И. В. Кузнецов. Принцип соответствия в современной физике и его философское значение. М.—Л., 1948, стр. 93.

[14]) К. Ланцош. Альберт Эйнштейн и строение космоса, стр. 41.

[15]) Ebenda.

[16]) Vgl.: Б. Г. Кузнецов. Эйнштейн. Жизнь. Смерть. Бессмертие. М., 1972, стр. 503.

[17]) Karl Marx / Friedrich Engels: Werke, Bd. 21, S. 267—268.

[18]) W. I. Lenin: Werke, Bd. 14, S. 116.

[19]) Ebenda, S. 130.

[20]) Абель Рей. Общий дух современной физики. — in: Новые идеи в философии, сб. 2. СПб., 1912, стр. 8.

[21]) Ebenda, S. 11.

[22]) A. Einstein: Mein Weltbild, Frankfurt/M. 1965, S. 159.

[23]) Ebenda.

[24]) Э. Борель. Пространство и время. М. (1924), стр. 63.

[25]) M. Born: Die Relativitätstheorie Einsteins, Berlin—Göttingen—Heidelberg 1964, S. 2.

[26]) M. Born: Physik im Wandel meiner Zeit, Berlin 1957.

[27]) Б. Г. Кузнецов. Философия оптимизма. М., 1972, стр. 73—74.

[28]) Ф. Ауэрбах. Пространство и время. Материя и энергия. М., 1923. стр. 11.

[29]) H. Reichenbach: The Philosophical Significance of the Theorie of Relativity. — in: Readings in Ph. of Sc. N. Y., 1953, p. 63.

[30]) С. Ю. Семковский: Диалектический материализм и принцип относительности. М.—Л., 1926, стр. 66.

[31]) Letzte Gedanken von Henri Poincaré, Leipzig 1913, S. 54.

[32]) Während der bekannten Pariser Diskussion über die Relativitätstheorie, an der A. Einstein, P. Langevin, H. Poincaré, H. Bergson und andere teilnahmen, stellte H. Poincaré die These auf, daß der Satz „die Außenwelt existiert" lediglich bedeute, es sei am bequemsten anzunehmen, daß die Außenwelt existiere.

[33]) С. Ю. Семковский. Диалектический материализм и принцип относительности, стр. 67.

[34]) А. Максимов. Теория относительности и материализм. — «Под знаменем марксизма», 1923, № 4—5, стр. 151.

[35]) Diese Idee wurde unabhängig von Lorentz auch von dem irischen Physiker Fitzgerald ausgesprochen.

[36]) С. Ю. Семковский. Теория относительности и материализм, стр. 27—28.

[37]) М. В. Попович. О философском анализе языка науки. Киев, 1966, стр. 33.

[38]) В. Фесенков. Астрономические доказательства принципа относительности. — «Вестник Коммунистической академии», 1925, кн. 13, стр. 200—201.

[39]) H. A. Lorentz: Proc. Roy. Acad. Amsterd. 1904, **6**, 809.

[40]) Б. М. Гессен. Основые идеи теории относительности. М., 1928, стр. 54.

[41]) H. A. Lorentz: Rev. Univ. Bruxelles 1920—1921, **26**.

[42]) Ebenda. S. 154.

[43]) Луи бе Бройль. По тропам науки. М., 1962, стр. 31.

[44]) H. A. Lorentz: Nederl. tijdschr. geneeskunde, 1913, **57**.

[45]) A. F. Joffe: Begegnung mit Physikern, M., 1967, S. 60.

[46]) Daß die von Janossy vorgeschlagene Lösung des Problems physikalisch unbefriedigend ist, wird in folgenden Arbeiten gezeigt: И. Тамм. О статье Яноши «Дальнейшие соображения о физической интерпретации преобразований Лоренца». — «Успехи физических наук», 1957, т. 62, вып. 1; П. Карда. Теория Эйнштейна и теория Лоренця. — «Вопросы философии», 1963, № 1.

[47]) Л. Яноши. Философский анализ специальной теории относительности. — «Вопросы философии», 1961, № 9, стр. 104.

[48]) С. Васильев. К проблеме становления. — in: Диалектика в природе, сб. 1. Вологда, 1926, стр. 72.

[49]) И. А. Боричевский. Введение в философию науки (Наука и метафизика). Пг., 1922, стр. 25.

[50]) Павел Флоренский. Мнимости в геометрии. Расширение области двухмерных образов геометрии (Опыт нового истолкования мнимостей). М., 1922. стр. 50.

[51]) Ebenda, S. 52.

[52]) H. Minkowski: Phys. Zs. 1909, **10** Nr. 3.

[53]) Ebenda.

[54]) А. Гааз. Физика как геометрическая необходимость. — «Успехи физических наук», 1922, т. 3, вып. 1, стр. 14.

[55]) Ebenda, S. 6.

[56]) С. И. Вавилов. Физика. Проекты статьи для 57 тома БСЭ (М.), 1935, стр. 6.

[57]) Ebenda.

58) С. И. Вавилов. Новая физика и диалектический материализм. — in: «Материализм и эмпириокритицизм» Ленина и современная физика. М., 1939, стр. 37.
59) W. I. Lenin: Werke, Bd. 38, S. 172.
60) Д. Пойа. Математическое открытие. М., 1970, стр. 260, (engl.: Polja, G.: Mathematical discover, New York—London 1965).
61) Г. К. Мак-Витти. Общая теория относительности и космология. М., 1961, стр. 23. (engl.: G. C. McVittie. General Relativity and Cosmology. London 1956).
62) П. В. Копнин. Проблемы диалектика и логики в развитии современного естествознания. — in: Диалектика и современное естествознание. М., 1971. стр. 32.
63) A. Einstein, L. Infeld: Evolution der Physik, Hamburg 1956, S. 42.

Anmerkungen zum Kapitel 4

1) Wir wollen hier nicht gesondert auf die philosophischen Anschauungen S. Ju. Semkovskijs zur Geschichte der Philosophie und zum historischen Materialismus eingehen.
2) Б. Д. Спиртус. Из истории борьбы с механицизмом в советский период (1918—1940). — «Философские науки», 1960, № 4, стр. 100.
3) Из материалов 1 Всесоюзного совещания обществ воинствующих материалистов. — «Под знаменем марксизма», 1929, № 5, стр. 150.
4) «Записки 1 отделения Украинской академии наук» 1926, книга IX.
5) А. Гольцман. Наступление на материализм. — in: Теория относительности и материализм. Л.—М., 1925, стр.102. In diesem Artikel gab es einige kleinere Unzulänglichkeiten, auf die hier nicht besonders eingegangen werden muß. Das wesentliche ist vielmehr, daß der Autor die Frage nach der Beziehung des dialektischen Materialismus zu einer naturwissenschaftlichen Theorie richtig beantwortete. Er ging davon aus, daß keine physikalische Theorie dem dialektischen Materialismus widersprechen kann.
6) Vgl.: А. Гольцман. Наступление на материализм. — in: Теория относительности и материализм. Л.—М., 1925, стр. 102.

[7]) Ebenda, S. 93.

[8]) А. Гольцман. Эйнштейн и материализм. — in: Теория относительности и материализм.

[9]) В. К. Фредерикс. Общий принцип относительности. — «Успехи физических, наук», 1921, т. II, вып. 1. стр. 163. (kursiv durch K. D.).

[10]) С. Ю. Семковский. К спору в марксизме о теории относительности. — «Под знаменем марксизма», 1925, № 8—9, стр. 130—131; ср. также стр. 146—147.

[11]) С. Ю. Семковский. Теория относительности и материализм. Харьков, 1924, стр. 22.

[12]) «Известия Российской Академии наук», VI серия, т. XVI. Л., 1922, стр. 42.

[13]) С. Э. Фриш. Опытное подтверждение формул Лоренца — Эйнштейна. — «Успехи физических наук», 1922, т. III, вып. 1.

[14]) Г. С. Ландсберг. Отклонение света в гравитационном поле Солнца (Результаты английской экспедиции по наблюдению солнечных затмений, 1919). — «Успехи физических наук», 1921, т. II, вып. 2.

[15]) M. Planck: Wege zur physikalischen Erkenntnis, S. 34.

[16]) Dieses Buch kam überarbeitet und vervollständigt unter dem Titel „Der dialektische Materialismus und das Relativitätsprinzip" im Jahre 1926 heraus.

[17]) З. Цейтлин. Теория относительности Эйнштейна и диалектический материализм. — «Под знаменем марксизма». 1924. № 4—5, стр. 77.

[18]) Ebenda, S. 131.

[19]) З. А. Цейтлин. Наука и гипотеза. М., 1924, стр. 170.

[20]) Труды Второй Всесоюзной конференции марксистко-ленинских учерждений, вып. 2. М., 1929, стр. 41.

[21]) А. К. Тимирязев. Теория относительности Эйнштейна и диалектический материализм. — «Под знаменем марксизма», 1924, № 8—9, стр. 143.

[22]) С. И. Вавилов. — in: Ф. Ауэрбах. Пространство и время. Материя и энергия. М., 1922, стр. 148 (Nachwort).

[23]) Um das Einsteinsche Relativitätsprinzip nicht mit dem ersten Postulat der Theorie zu verwechseln, werden wir letzteres als Relativitätsprinzip im eigentlichen Sinne bezeichnen.

[24]) А. К. Тимирязев. Естествознание и диалектический материализм. М., 1925, стр. 216.

[25]) Ebenda.

[26]) Ebenda.
[27]) W. I. LENIN: Werke, Bd. 14, S. 281.
[28]) З. Цейтлин. Теория относительности Эйнштейна и диалектический материализм. — in: Теория относительности и материализм. Л.—М., 1925, стр. 270.
[29]) В. Ф. Миткевич. Основные физические воззрения, изд. 3-е. Л.—М., 1939, стр. 35.
[30]) Ebenda, S. 36.
[31]) С. И. Вавилов. По поводу книги акад. В. Ф. Миткевича «Основные физические воззрения». — «Под знаменем марксизма», 1937, № 7, стр. 56.
[32]) А. А. Максимов. О философских воззрениях акад. В. Ф. Миткевича на путях развития советской физики. — «Под знаменем марксизма», 1937, № 7, стр. 53.
[33]) А. Ф. Иоффе. О положении на философском фронте советской физики. — «Под знаменем марксизма», 1937, № 11—12, стр. 135.
[34]) А. Гольцман. Эйнштейн и материализм. — in: теория относительности и материализм, стр. 119.
[35]) С. Ю. Семковский. Теория относительности и материализм, стр. 6.
[36]) Акад. В. Ф. Миткевич. Основные физические воззрения, стр. 36.
[37]) А. Ф. Иоффе. О положении на философском фронте советской физики. — «Под знаменем марксизма», 1937, № 11—12, стр. 135—136.
[38]) Н. П. Кастерин. Обобщение основных уравнений аэродинамики и электродинамики. Доклад на особом совещании при Академии наук СССР 9 декабря 1936 г. М., 1937, стр. 4.
[39]) А. В. Баскаков. Кризис методологических основ современной физической науки в США. — in: Проблемы философии. М., 1966, стр. 275.
[40]) Ebenda, S. 276.
[41]) С. И. Вавилов. Экспериментальные основания теории относительности, М.—Л., 1928, стр. 82.
[42]) Ebenda, S. 88.
[43]) Альберт Эйнштейн. Собрание научных трудов, т. II. М., 1966, стр. 24. (engl.: A. EINSTEIN: The meaning of relativity. Princeton 1921).
[44]) «Известия Российской Академии наук», 1918, т. X, стр. 83.

[45]) И. Орлов. Классическая физика и релятивизм. — «Под знаменем марксизма», 1924, № 3, стр. 61.

[46]) А. Максимов. О принципе относительности Эйнштейна. — «Под знаменем марксизма», 1922, № 9—10, стр. 194.

[47]) Я. И. Френкель. Мистика мирового эфира. — «Вестник знания», 1925. № 6, стр. 27.

[48]) Ebenda, kursiv vom Autor.

[49]) A. Einstein: Aus meinen späten Jahren. Stuttgart 1952, S. 63/64.

[50]) А. Гольцман. Наступление на материализм. — «Под знаменем марксизма», 1923, № 1, стр. 101.

[51]) Б. М. Гессен. Основные идеи теории относительности, стр. 68.

[52]) Vgl. А. Максимов. Современное состояние дискуссии о принципе относительности в Германии. — «Под знаменем марксизма», 1923, № 1, стр. 106.

[53]) И. Орлов. Задачи диалектического материализма в физике. — in: Теория относительности и материализм, стр. 13.

[54]) А. Максимов. Теория относительности и материализм. — «Под знаменем марксизма», 1923, № 4—5, стр. 141.

[55]) Х. М. Фаталиев. К истории борбы за диалектический материализм в советской физике, М., 1950, стр. 961. (Dissertation, Lenin-Bibliothek Moskau).

[56]) W. I. Lenin: Werke, Bd. 14, S. 347.

[57]) С. Ю. Семковский. К спору в марксизме о теории относительности. — «Под знаменем марксизма», 1925, № 8—9, стр. 155.

[58]) Я. Мильнер. Бенедикт Спиноза. М., 1940, стр. 65.

[59]) Б. Г. Кузнецов. Эйнштейн. жизнь сметрь Бессмертие. М., 1972, стр. 265.

[60]) П. В. Копнин. Логические основы современной науки. — В кн.: Диалектика и современное естествознание. М., 1970, стр. 35.; Э. М. Чудинов: А. Эйнштейн об отношении геометрии к реальности. — in: Эйнштейновский сборник, 1971, М. 1972; u. a.

[61]) Э. М. Чудинов. А. Эйнштейн об отношении геометрии к реальности, стр. 313—314.

[62]) Hier geht es nicht darum, alle Aspekte der experimentellen Begründung der Relativitätstheorie zu behandeln. Das wird in den einschlägigen physikgeschichtlichen Arbeiten sehr gut getan, siehe insbesondere У. И. Франкфурта «Очерки по

истории специальиой теории отиосительости» (1961 г.), «Специальная и общая Теория относительности. Исторический очерк» (1971). Unsere Aufgabe besteht darin, einzelne Aspekte des Problems anzuschneiden, die in den philosophischen Auseinandersetzungen um die Berechtigung der physikalischen Theorie von besonderer Bedeutung waren.

63) М. Лауэ. Принцип относительности. — in: новые идеи в математике. Сб. 5. СПб., 1914, стр. 34.

64) А. Ф. Иоффе. Что говорят опыты о теории относительности Эйнштейна. — Правда, 1 января 1927 г., стр. 3.

65) Л. И. Мандельштам. Лекции по оптике, теории относительности и квантовой механике М., 1972, стр. 234.

66) А. А. Фридман. Мир как пострaнство и время. Пг., 1923, стр. 76/77.

67) С. Ю. Семковский. Диалектический материализм и принцип относительности, стр. 196.

68) С. И. Вавилов. Экспериментальные основания теории относительности, стр. 11.

69) А. Ф. Иоффе. Что говорят опыты о теории относительности Эйнштейна. — Правда, 1 января 1927 г.

70) Л. Ландау. Взаймодействие в современной физике. — «Под знаменем марксизма», 1937, № 11—12, стр. 202.

71) Ebenda.

72) И. Орлов. Классическая физика и релятивизм. — in: теория относительности и материализм, стр. 183.

73) А. К. Тимирязев. Естествознание и диалектический материализм, стр. 263.

74) Vgl. С. И. Вавилов. Экспериментальные основания теории относи тельности, стр. 46.

75) А. К. Тимирязев. Новые опыты Дейтон-Миллера, опровергающие теорию относительности Эйнштейна. — «Известия ЦИК СССР и ВЦИК», 30 июля 1926 г.

76) А. К. Тимирязев. Экспериментальное опровержение теории относительности. — «Под знаменем марксизма», 1925, № 7—9, стр. 191—192.

77) О. Д. Хвольсон. Опровергнута ли теория относительности? — «Вестник знания» 1926, № 19, стр. 1234.

78) Ebenda, S. 1230—1231.

79) А. Ф. Иоффе. Что говорят опыты о теории относительности Эйнштейна. — Правда, 1 января 1927 г.

80) С. Э. Фриш. Опытное подтверждение формул Лоренца —

Эйнштейна. — «Успехи физических наук», 1922, т. III, вып. 1.

81) Г. С. Ландсберг. Отклонение света в гравитационном поле Солнца (Результаты английских экспедиций по наблюдению солнечного затмения 1919 г.). — «Успехи физических наук», 1921. т. II, вып. 2.

82) С. И. Вавилов. Попытка истолкования результата опыта Майкельсона. — «Успехи физических наук», 1921, т. II, вып. 2; derselbe. Новое повторение опыта Майкельсона. — «Успехи физических наук», 1926, т. VI, вып. 1.

83) С. И. Вавилов. Новые поиски «эфирного ветра». — «Успехи физических наук», 1926, т. VI, вып. 3, стр. 252.

84) Ebenda.

85) Б. М. Гессен, В. П. Егоршин. Об отношении тов. Тимирязева к современной физике. — «Под знаменем марксизма», 1927, № 2—3.

86) Труды Второй Всесоюзной конференции марксистско-ленинских научных учреждений, вып 2, стр. 13.

87) А. Ф. Иоффе. О положении на философском фронте советской физики. — «Под знаменем марксизма», 1937, № 11—12, стр. 134.

88) Философские науки в СССР за 25 лет, М., 1943, стр. 27.

Anmerkungen zu den Schlußbetrachtungen

1) Генрих Герц. Три катины мира. — В кн.: «Новые идеи в философии», сб. 11. СПб., 1914, стр. 76—77.

2) Ebenda, S. 70—71.

3) О. Д. Хвольсон. Теория относительности и новое миропонимание. Пг., 1922, стр. 8.

4) С. Семковский. Диалектический материализм и принцип отностительности, стр. 197.

5) Planck, M.: Ursprung und Auswirkung wissenschaftlicher Ideen. — In: Wege zur physikalischen Erkenntnis, S. 248.

Personenregister

Der Autor

- stellt auf der Grundlage bislang wenig untersuchter physikalischer und philosophischer Literatur die Besonderheiten der Problemstellung und -lösung von philosophischen Fragen der speziellen Relativitätstheorie in den sowjetischen Diskussionen der 20er und 30er Jahre dar

- analysiert dabei die erkenntnistheoretischen Wurzeln mechanistischer und idealistischer Fehleinschätzungen der Relativitätstheorie

- weist Versuche bürgerlicher Philosophen zurück, die Relativitätstheorie und den dialektischen Materialismus unter Berufung auf die Auseinandersetzungen in der UdSSR für unvereinbar zu erklären

WISSENSCHAFTLICHE TASCHENBÜCHER